AF475987

DESCRIPTIONS ET FIGURES

DES

CÉRÉALES EUROPÉENNES,

TELLES QUE

ORGE, SEIGLE, BLÉ, NIVIÈRA, AVOINE, PHALARIS, RIZ, MILLET, MAIS, ETC.

Seconde Edition,

AVEC TRENTE À TRENTE-CINQ PLANCHES GRAVÉES, IN-4°,

PAR N.-C. SERINGE,

PROFESSEUR DE BOTANIQUE À LA FACULTÉ DES SCIENCES; DIRECTEUR DU JARDIN BOTANIQUE DE LYON; MEMBRE DE L'ACADÉMIE ROYALE DES SCIENCES, BELLES-LETTRES ET ARTS; DES SOCIÉTÉS ROYALE D'AGRICULTURE ET ARTS UTILES, LINNÉENNE ET D'ÉDUCATION, DE LYON; COLLABORATEUR DE M. DE CANDOLLE POUR PLUSIEURS ARTICLES DU PRODROMUS; CORRESPONDANT DES SOCIÉTÉS ROYALE ET CENTRALE D'AGRICULTURE DE PARIS, IMPÉRIALE D'AGRICULTURE DE MOSCOU, DE PHYSIQUE ET D'HISTOIRE NATURELLE DE GENÈVE, HELVÉTIQUE D'HISTOIRE NATURELLE, DE CELLES DE LEIPSICK, WETTERAVIE, ETC.

1re Livraison

PARIS,

CHEZ L. BOUCHARD-HUZARD, RUE DE L'ÉPERON-ST-ANDRÉ, 7.

LYON,

CHEZ GIBERTON ET BRUN, LIBRAIRES, PETITE RUE MERCIÈRE, 7.

CHEZ BARROIS, RUE ST-DOMINIQUE, 1.

Ce travail sur les CÉRÉALES est la seconde édition, beaucoup plus étendue, d'une monographie des CÉRÉALES DE LA SUISSE, publiée à Berne, en 1818, par l'auteur, dans ses MÉLANGES BOTANIQUES.

Il sera divisé en huit parties :

1° Description des organes des GRAMINÉES CÉRÉALES ;

2° Dictionnaire et tableau des noms d'organes employés par les auteurs qui ont écrit sur les GRAMINÉES ;

3° Descriptions des genres, espèces et variétés des diverses céréales, telles que *Orge*, *Seigle*, *Blé*, *Nivièra*, *Avoine*, *Phalaris*, *Riz*, *Millet*, *Maïs*, etc.

Les deux premières parties et les genres Orge et Seigle sont contenus dans la 1re livraison ; le genre Blé occupera la 2e, etc.

Chaque genre est accompagné d'un tableau analytique qui renvoie aux espèces et variétés, et le travail général sera précédé d'un grand tableau dichotomique qui servira de renvoi aux articles principaux.

4° Conservation des céréales ;

5° Usage des céréales dans l'économie rurale et domestique ;

6° Préparations industrielles des céréales ;

7° Analyse des produits des céréales ;

8° Maladies des céréales.

LYON. — Imprimerie de BARRET, place des Terreaux, 20.

DESCRIPTIONS ET FIGURES

DES

CÉRÉALES EUROPÉENNES.

Extrait des Annales

DE LA SOCIÉTÉ ROYALE D'AGRICULTURE DE LYON.

TOME IV. — 1841.

(Dont on a cité aussi la pagination.)

Ire PARTIE.

DESCRIPTION DES ORGANES.

La famille des GRAMINÉES, qui appartient à la grande division des MONOCOTYLÉDONÉS (1), est l'une des plus utiles à l'agriculture; elle fournit par ses graines le principal aliment de l'homme de presque tous les climats, et par son feuillage, une grande partie de la nourriture des animaux qu'il associe à ses travaux. *Les Graminées* n'ont pas l'élégance que présentent les plantes des familles qui les avoisinent, mais leur organisation n'en est pas moins curieuse.

Les RACINES, qui naissent de la graine, comme celles qui souvent se développent des nœuds de la tige, sont toujours fibreuses; elles se ramifient généralement peu.

Leurs TIGES présentent, de distance en distance, des articulations ou nœuds; dans ces tiges, soit souterraines, soit

(1) Végétaux germant avec un seul cotylédon ou feuille séminale; tige grandissant par son extrémité, sans couches concentriques ni rayons médullaires; organes floraux en nombre ternaire (*Lis, Blé, Maïs*).

aériennes, ces renflements donnent toujours naissance à autant de feuilles plus ou moins développées ; ces tiges présentent un entrelacement de fibres dans un tissu utriculaire, moins résistant que dans les entre-nœuds. Les portions souterraines des tiges ont souvent été prises pour des racines : mais, ces derniers organes ne donnent jamais naissance aux feuilles, elles ne peuvent donc pas être méconnues par l'observateur attentif : car, dirigées accidentellement ou volontairement à la lumière, elles prennent l'apparence de celles que nous nommons vulgairement *chaume*.

D'ailleurs, nous trouvons toujours sur ces prétendues racines des rudiments de feuilles et les vraies racines.

Les articulations sont d'autant plus écartées, jusqu'au point de départ des fleurs, qu'on observe la tige plus loin de sa base ; elles sont souvent renflées dans celles que nous observons hors de terre (*Blé*, *Avoine*), et rarement plus rétrécies que le reste de la tige (*Avoine en chapelet*).

Les intervalles à fibres parallèles, que laissent ces articulations, sont nommés ENTRE-NOEUDS; ils sont rarement pleins de moelle à la maturité du fruit, mais le plus ordinairement creux et tapissés alors d'un petit nombre de couches d'utricules qui se dessèchent graduellement. La tige des GRAMINÉES est creuse ou fistuleuse dans la *Touzelle* (TRITICUM VULGARE), et pleine dans la *Pétanielle* (TRITICUM TURGIDUM).

Toutes ces fibres paraissent exister dès la base de la plante : mais à mesure que la tige produit des feuilles ou des rameaux, celle-ci diminue de volume et affecte la forme longuement conique.

Quand la tige des GRAMINÉES se divise, c'est des nœuds ou articulations et de l'aisselle des feuilles que naissent toujours les rameaux ; ils présentent la même organisation qu'elle.

Nous avons dit que les Entre-nœuds étaient généralement

d'autant plus longs qu'on les observait plus haut : mais au point d'origine des fleurs, ces articulations et les Entre-nœuds, qui les séparent, sont extrêmement courts; c'est de ces articulations que naissent de véritables ramifications, excessivement courtes dans les *épis*, beaucoup plus longues dans les *panicules* (1); c'est à cette continuation de la tige (axe des fleurs) que l'on a donné le nom de *rachis;* ces articulations sont tenaces dans la plupart des GRAMINÉES (2), mais se rompent dans quelques espèces, comme dans la section des *Blés*, nommée *Épeautres*.

Ces ARTICLES sont comprimés par les fleurs entassées et sessiles autour de l'axe dans les vrais épis (*Blé*, *Orge*), tandis qu'ils sont cylindriques dans les panicules.

Beaucoup de GRAMINÉES, surtout Céréales, sont réellement annuelles; mais ayant remarqué que dans plusieurs contrées elles réussissent mieux, lorsqu'elles sont semées en automne, on les traite fréquemment comme des plantes bisannuelles.

Les tiges et les rameaux des GRAMINÉES vivaces persistent dans leurs parties souterraines : mais, comme dans les DICOTYLÉDONÉS, le rameau, qui a fleuri et fructifié, meurt, tandis que les fleurs, qui sont revenues à leur état primitif (de feuille), peuvent continuer à vivre, si l'épi ou la panicule est placée dans un milieu humide : alors, il se développe des racines adventives sur l'axe, quoique très-court, qui leur a donné naissance.

Nous avons vu que les FEUILLES ne naissent que des nœuds ou des articulations; elles sont toujours alternes; leur pétiole, qui est dilaté en une gaine, souvent très-large et fendue (3), renferme dans la jeunesse les parties supérieures de la plante. L'un des bords recouvre l'autre, et ces gaines sont d'autant

(1) Voir ces mots plus loin.

(2) *Touzelle* (*Triticum vulgare*).

(3) Les deux bords sont unis dans les CAPIRACÉES.

plus longues qu'on observe les feuilles les plus élevées sur la tige. La fin de la gaine se divise ordinairement en deux parties laminées très-inégales et très-dissemblables : la plus longue est la *lame*, l'autre est la *ligule*.

La *Lame* est presque toujours étroite, linéaire ; elle présente des fibres parallèles, convergentes vers le sommet ; ses bords sont entiers, quelquefois bordés de poils ; toute la feuille est tantôt lisse, d'autres fois poilue et souvent plus ou moins rude.

La *Ligule* est une petite lame membraneuse, demi-transparente, entière, frangée ou tronquée, qui se trouve en dedans de la base de la lame. (*Sering.*, Élem. bot., pl. X, fig. 1.)

Nous avons vu que le sommet des tiges ou de leurs ramifications qui fleurissent, présentent de très-courts articles, dont la base donne naissance alternativement, à droite et à gauche, à des rameaux, eux-mêmes extrêmement courts, quand ils portent des épis, et beaucoup plus prolongés, quand le sommet de la tige forme une panicule.

Les fleurs, dans les Graminées, sont de véritables agglomérations d'organes foliacés, au moins dans les parties que nous apercevons ; ces feuilles alors, sont réduites à de fort petites dimensions; elles dénotent, plus que dans beaucoup d'autres familles, leur nature primitive. Presque tous les organes floraux des Graminées persistent, les étamines, ainsi que les stigmates exceptés.

Les ramifications extrêmes de la tige sont très-courtes dans l'*épi* (*Blé*), plus manifestes dans la *panicule* (*Avoine*). Que les groupes de ces deux inflorescences soient sessiles ou pédonculés, ils sont toujours formés d'*épiets*, dont le nombre de fleurs varie d'un genre à l'autre.

Rarement l'épiet se ramifie : c'est ce qui s'observe cependant dans le *Blé de miracle*, qui n'est qu'une variété de la *Pétanielle* ou *Godelle*.

Chaque épiot, à une ou plusieurs fleurs, présente toujours une enveloppe générale de une, deux ou trois bractées sessiles, le plus souvent libres, et qui rappellent, surtout plus que les autres organes, leur origine foliacée : ce sont les BRACTÉES. (Glumes de quelques auteurs, calice de quelques autres, etc.) (1).

Le nombre ternaire s'observe toujours plus ou moins régulièrement, au moins par leur position respective, dans les organes floraux des MONOCOTYLÉDONÉS; et les GRAMINÉES, étant à fleurs irrégulières, l'appréciation de leurs parties constituantes présente assez de difficultés, si, surtout, l'on ne comprend pas bien la théorie des unions et celle des avortements.

Dans le genre *Orge* (HORDEUM), on trouve pour chaque fleur (= épiet uniflore) deux bractées linéaires, aiguës, semblables (pl. I, fig. 2), et souvent vers l'axe de l'épi, une troisième bractée, beaucoup moins longue et couverte de poils disposés en plumet (pl. I, fig. 4, 11; — II, fig. 6; — V, fig. 4, 10; — VI, fig. 6, 7, 8; — VII, fig. 6).

Dans le *Seigle* (SECALE), deux bractées, assez semblables à celles des *Orges*, contiennent deux fleurs (Épiet biflore); mais elles ont la dorsale ciliée.

Dans le *Blé* (TRITICUM), les deux bractées, qui entourent l'épiet, sont larges, concaves, renferment quatre fleurs (= Épiet quadriflore); elles sont latérales à l'axe.

Dans les *Ivraies* (LOLIUM), la bractée extérieure est seule développée; elle dépasse ou atteint la longueur de l'épiet; l'intérieure, étant axillaire et gênée, ne peut se développer.

Quand les épiets sont sessiles, ils présentent deux positions différentes, principales; le plus souvent, l'une de leur deux faces est en regard de l'axe commun de l'épi (*Blé, Seigle*),

(1) Voir à la IIe partie la *Synonymie des organes*.

plus rarement c'est l'un des bords qui touche cet axe : c'est ce qu'on observe dans les *Ivraies ;* alors l'épi est aplati : mais dans les *Orges* à deux rangs, fertiles, comme deux rangées de fleurs sont stériles sur chaque face, l'épi est comprimé par une toute autre cause. Dans les *Blés*, l'épi est carré, si les quatre fleurs de chaque épiet sont fertiles, tandis qu'il est comprimé, lorsque les deux fleurs du sommet de chacun des épiets avortent.

Dans les panicules, les épiets n'ont pas de positions saisissables, relativement à l'axe : et le pédicelle qui les porte varie de forme.

Les Bractées, dans les Graminées, sont rarement relevées de plusieurs fibres; la dorsale est presque invisible dans l'*Orge* (*Hordeum*), pl. I, fig. 1, 2, 5, 6 ; elle est très-saillante dans la *Pétanielle* où elle se termine en arête courte. Les lamelles (1) des bractées, souvent bien séparées par une dorsale, sont inégales dans le genre *Blé* (Triticum); le côté qui appuie sur l'axe est un peu moins convexe, moins épais, moins bien développé que celui qui est en dehors.

Ces bractées sont tantôt glabres, tantôt velues : cela varie dans les divers états de la même plante. Ce caractère, de nulle valeur spécifique, a servi aux agriculteurs pour établir leurs espèces. Leur couleur n'offre non plus aucune certitude; elle ne peut servir qu'à distinguer des variations, et non des variétés.

Les Organes floraux existent tous dans la majorité des Graminées, qui offrent, comme dans la plupart des autres plantes, *Sépals* (2), *Pétals*, *Étamines* et *Carpels*, diversement modifiés; mais comme tous ces organes présentent une grande

(1) Moitié d'une feuille, d'une bractee, d'un pétal, ordinairement séparés par une fibre dorsale.

(2) Nous avons supprimé la lettre *e* des mots *petale* et *sépale*, et dans *carpelle*, les deux finales, pour qu'on ne fut pas tenté de les regarder comme féminins.

irrégularité, on a dû les méconnaître, tant que les bases de l'organographie ont été mal posées. Les auteurs semblent s'être réunis à l'envi pour embrouiller cette partie; ils se sont plu à hérisser de difficultés ce qui est fort simple, si on rapporte les trente-deux noms d'organes complètement superflus, aux *Bractées*, *Sépals*, *Pétals*, *Étamines*; *Carpels*, *Épiets*, *Axe de l'épi* et *Fleur*, déjà admis dans les descriptions rationnelles de tous les DICOTYLÉDONÉS (1).

Les fleurs des espèces de cette famille ne s'ouvrent qu'au moment de la fleuraison; avant et après cette époque leurs parties constituantes sont fortement appliquées les unes contre les autres.

Les Sépals des Graminées (pl. I, fig. 3; — III, fig. 4; — IV, fig. 3; — VI, fig. 7, 8; — VII, fig. 5, 6; — VIII, fig. de 3 à 7) constituent, comme dans toutes les fleurs, le premier rang d'organes (abstraction faite des bractées) qui composent leur fleur; ils sont dissemblables; *l'extérieur* est libre, demi-foliacé, large, presque toujours irrégulièrement naviculaire, souvent prolongé en arête qui s'élève du sommet, ou bien part plus ou moins haut du dos. Dans quelques genres exotiques, ce sépal se termine par plusieurs arêtes; les deux autres sépals, semblables l'un à l'autre, le plus souvent unis par leur bord interne (le genre *Blé* proprement dit), sont placés vers l'axe de l'épiet, et, comprimés pendant toute l'évolution des fleurs, ils sont membraneux : leur union fréquente a donc fait croire que les Graminées n'avaient que deux sépals, mais ils sont réellement au nombre de trois, tous libres dans la plante nommée *Locularelle* ou *Blé locular* (Triticum monococcum, *Linn.*) (2).

(1) Voir les légendes qui accompagnent les figures de la planche Ire (caractères du genre *Orge*) et la Synonymie des organes.

(2) Ce caractère joint à celui de la forme du fruit et de sa cannelure toute particulière, nécessite la formation d'un genre nouveau que je dédie à M. Nivière, l'un

Dans le genre *Blé* (1) (Triticum), tel que Tournefort et Linné l'avaient établi, les dorsales des deux sépals unis sont verdâtres et distinctes, tandis que le reste est membraneux.

Dans quelques autres genres, ces deux sépals ne sont pas complètement unis, de manière à distinguer nettement leur sommet (2); les deux bords internes et unis de ces deux sépals intérieurs, sont ordinairement engagés dans la rainure du grain, ou plutôt de l'albumen, et y adhèrent souvent; mais dans le genre Niviera que nous proposons, le grain est fortement comprimé et la rainure à peine visible (tandis qu'elle est très-ouverte dans le *Triticum*, restreint comme il doit l'être).

Dans quelques Graminées, ces Sépals sont très-coriaces, comme dans le *Riz*, et un peu moins dans les *Orges*, dits à graines enveloppées : dans d'autres, ils sont inégalement membraneux. Ceux du *Riz* ne sont pas encore aussi étroitement appliqués que ceux des *Orges* et des *Blés*, à grains enveloppés, et pour lesquels il faut une opération particulière pour les débourrer (enlever les sépals de dessus les carpels). Nous étudierons plus spécialement les modifications des organes dans les genres, quand nous caractériserons chacun d'eux.

Les Pétals (pl. I, fig. 7, 9, 10, 11; — II, fig. 7; — III,

de nos agronomes les plus distingués, et qui est appelé à assainir et à fertiliser une grande contrée jusqu'à présent regardée comme presque improductive. Ce nouveau genre renferme deux espèces : le *N. Monococcum* et le *N. venulosa*.

(1) Les auteurs anciens réunissaient sous la dénomination de *Bles* ce que nous nommons actuellement Céréales et Légumineuses. Ils divisaient leurs *Blez* en *Frouments* ou *Légumages*. Leurs *Frouments* répondent à nos Graminées céréales et leurs *Légumages* à nos Légumineuses potagères. Leurs Frouments renfermaient les genres *Blé* (*Triticum*), *Orge* (*Hordeum*), *Avoine* (*Avena*), *Panic* (*Panicum*), etc., et leurs Légumages contenaient les *Fèves* (*Faba*), *Lentilles* (*Ervum Lens*), *Haricots* ou *Fazioles* (*Phaseolus*), *Pois* (*Pisum*), *Pois Chiche* (*Cicer arietinum*) etc. Pline, *Historia mundi*, traduction de du Pinet, p. 14, Lyon (1566).

(2) *P. Beauv.*, Agrost., planch. XV, fig. 22. c, et dans cet ouvrage, pl. VIII, fig. 3 et 4.

fig. 9, 10; — IV, fig. 7; — V, fig. 9, 10, 12; etc.), qui forment la partie la plus brillante de la fleur dans la plupart des DICOTYLÉDONÉS et dans quelques MONOCOTYLÉDONÉS, ont aussi reçu bien des noms différents dans les GRAMINÉES; ils sont à peine visibles dans cette famille, toujours beaucoup plus courts que les sépals, avec lesquels ils alternent. Ils sont demi-charnus d'abord, spatulés, obtus ou échancrés, quelquefois un peu irréguliers, libres et ordinairement ciliés : ensuite ils deviennent membraneux et persistent jusqu'à la parfaite maturité (1).

Ils existent rarement tous les trois : celui qui devrait se trouver du côté de l'axe des épiets manque presque toujours (pl. I, fig. 7, 9, 10, 11; — II, fig. 7); les deux autres sont semblables entre eux. Ceux-ci se trouvent placés devant les deux bords du sépal externe, du même côté que l'embryon; ils sont libres entre eux et sans adhérence.

Les ÉTAMINES sont libres; elles existent dans la plupart des GRAMINÉES, conjointement avec un carpel (pl. I, fig. 7, 9, 10; — II, fig. 7; — III, fig. 9; — IV, fig. 7, etc.); cependant, celui-ci manque dans quatre rangées de fleurs des orges distiques, ou à deux seuls rangs fertiles (pl. I, fig. 10; — VI, fig. 15). Lorsque les étamines sont au nombre de trois, elles alternent avec les pétals (pl. I, fig. 7; — IV, fig. 7).

Si l'on en trouve six, trois d'entre elles sont dans la position que nous venons d'indiquer, et les trois autres, devant les pétals; elles ont ordinairement de longs filets filiformes, dont le sommet s'implante au milieu de la dorsale de l'anthère qui est ordinairement échancrée ou fourchue à ses deux extrémités (pl. V, fig. 9, E).

(1) Les pétals sont réguliers et en nombre ternaire dans les BAMBUSA, P. Beauvois, Agrost., t. XXV, fig. 4, F.; dans les ARUNDINARIA, t. XXV, fig. 7, E. F., etc.

Le Carpel est unique dans les Graminées (pl. II, fig. 7, c; — III, fig. 9, c; — V, fig. 9, 10, 11, c); il présente inférieurement un renflement notable, qui en est le carpe (pl. I, fig. 8; — V, fig. 10, 11, c), lequel ne contient qu'une seule graine, à racine dirigée inférieurement. Sur la face convexe, qui répond à la concavité du sépal externe, on remarque une espèce d'écusson (pl. I, fig. 13), qui est l'embryon proprement dit. A la base de cet écusson, entre le bourgeon embryonnaire et l'albumen, se trouve un corps ovale, aplati, charnu, d'une couleur particulière, et qui en est le véritable cotylédon; on le voit facilement lorsque la graine n'est pas complètement mûre, ou bien lorsqu'elle commence à germer; le carpe est recouvert, ainsi que le reste du grain de *Blé*, d'*Orge*, etc.; de deux enveloppes bien distinctes, surtout avant la maturité; l'extérieure ou carpe, d'abord membraneuse, acquiert bientôt une certaine épaisseur, elle se lève par grandes plaques : c'est ce qui constitue le *gros son;* l'autre, plus intérieure, est d'abord verte, tendre; elle entoure immédiatement l'embryon et l'albumen : c'est le *petit son*.

Ce carpe est surmonté, avant et pendant la fleuraison, par un style plus ou moins prolongé, simple ou fourchu (pl. III, fig. 9), et terminé par autant de stigmates plumeux : ces deux portions du carpel sont très-fugaces.

L'Albumen, qui occupe la presque totalité du volume de la graine, est d'abord aqueux, puis laiteux, et enfin la fécule se solidifie : cette substance renferme du gluten en plus ou moins grande proportion, elle est d'autant plus susceptible de faire du pain qu'elle contient plus de ce gluten.

Toutes les fleurs ne s'ouvrent pas le même jour : c'est ordinairement par la base de l'épi que la fleuraison commence; celles de chaque épiet s'épanouissent aussi de la base au sommet; la fleuraison dure de six à dix jours, selon la température ; le stigmate n'est apte à être fructifié que le jour de l'épanouissement de la fleur.

Si, au moment de la fleuraison, l'air humide, ou le brouillard, ou la pluie humecte le pollen, celui-ci est entraîné par l'eau, ou bien éclate ailleurs que sur les stigmates, et alors, la fructification des fleurs ouvertes ce jour-là, ne peut avoir lieu, et on dit dans ces cas que les blés ont coulé.

Après la fleuraison, les anthères et les styles tombent ou se fanent ; les sépals se rapprochent et protégent les carpes, qui grossissent rapidement, si le temps est favorable et que la fructification ait été opérée.

Nous avons vu que les GRAMINÉES CÉRÉALES présentent deux inflorescences, le plus souvent bien distinctes : la plus fréquente est la disposition des épiets en *Épi* (*Blé*, *Orge*, *Seigle*), l'autre affecte la forme plus ou moins pyramidale : c'est la *Panicule*.

L'ÉPI se reconnaît à la brièveté de ses articles, terminés alternativement à droite et à gauche par autant de groupes de fleurs sessiles, plus ou moins nombreuses; chacun de ces groupes, ordinairement à plusieurs fleurs, est entouré d'un certain nombre de bractées, le plus souvent dissemblables entre elles. Dans la plupart des GRAMINÉES, chaque article se termine par un seul épiet, presque toujours multiflore (deux fleurs dans le *Seigle*; trois à quatre dans les *Blés*); dans l'*Orge*, au contraire, chaque article est terminé par trois fleurs, et chacune est entourée de trois bractées, ce qui constitue conséquemment trois épiets uniflores (pl. I, fig. 1; — II, fig. 3, 4; — III, fig. 3) : de ces trois bractées, les deux extérieures sont semblables, tandis que celle qui est vers l'axe est souvent pennée ou manque.

La PANICULE, en prenant aussi ce mot dans son acception rigoureuse, est une inflorescence plus ou moins lâche et pyramidale, dont chaque article de la fin de la tige se divise alternativement à droite et à gauche en rameaux minces et souvent flexibles, longs et inégaux, qui portent à leur extrémité des épiets, ordinairement à plusieurs fleurs : chacun d'eux est entouré, comme ceux de l'épi, d'un certain nombre de bractées souvent dissemblables.

Cette disposition, quoique très-différente de l'épi, conserve cependant la disposition alterne et régulièrement distique, qu'on observe constamment dans les MONOCOTYLÉDONÉS; car, malgré la divergence des vraies panicules dans toutes les directions, le point de départ des ramifications n'en est pas moins, comme dans l'épi, constamment sur deux rangs.

Nous avons examiné l'organisation générale des GRAMINÉES CÉRÉALES : mais avant de passer à l'étude des genres, des espèces et des variétés, il sera curieux de jeter un coup-d'œil sur la multitude de noms appliqués par les auteurs aux organes que nous avons désignés sous les noms de *Bractées*, *Sépals*, *Pétals* et *Carpels*, qui nous suffiront bien, comme ils suffisent dans toutes les descriptions des DICOTYLÉDONÉS. La disposition alphabétique nous a paru la plus commode, car nous n'avons à chercher que des mots qui n'ont aucun rapport les uns avec les autres, et la forme de DICTIONNAIRE permettra de les retrouver rapidement au besoin. Nous devons espérer que par la suite ils ne seront plus employés dans les descriptions, et qu'ils ne nous serviront bientôt plus que pour comprendre les auteurs qui nous ont précédés; nous ne créons pas de nouveaux noms d'organes, nous n'employons que ceux qui sont connus de tous les botanistes, et les personnes, qui auront à les apprendre, s'en feront facilement une idée juste, en jetant les yeux sur la planche I des Orges, dont les figures grossies sont accompagnées de nombreuses légendes.

Nous avons réuni dans le même Dictionnaire les noms d'organes que nous avons admis, afin de faciliter les personnes qui auraient besoin de définitions.

Principaux Synonymes des ***ORGANES FLORAUX*** *des* ***GRAMINÉES****, rapportés aux dénominations employées dans ce travail.*

BRACTÉES.

Bâle, P. Beauv., De C.
Calice, Tourn.
Écaille, P. Beauv.
Gluma, Linn.
Glume, Tourn., Juss., De C., R. Brown.
Glumula, R. Brown.
Glumule, *idem.*
Involucre, P. Beauv.
Involucrum, *idem.*
Pétale, Linn.
Tegmen, P. Beauv.
Spathella, P. Beauv.
Spathelle, *idem.*
Squama, *idem.*
Valva, Rœm. et Schult.
Valves, Rich., P. Beauv.

SÉPALS.

Bâle, De C.
Calice, Juss.
Corolle, Linn.
Glume, Rich., Willd.
Glumelle, Mirb.
Palea, P. Beauv.
Paillettes, *idem.*
Périanthe, R. Brown.
Soie, P. Beauv.
Spathellula, Mirb.
Spathellule, *idem.*
Stragule, P. Beauv.
Stragulum, *idem.*
Valve externe, Linn.
— *interne*, *idem.*
Valvule, Linn.

PÉTALS.

Corolle, Micheli.
Foliola, *Foliole*, Linn.
Glumella, *Glumellé*, Rich.
Lodicula, *Lodicule*, P. Beauv.
Nectarium, Schreb., Linn.
Nectaire, *idem.*
Paleola, *Paléole*, Mirb.
Parapétale, Link.
Petites écailles, De C.
Squamæ, *écailles*, P. Beauv.
Squamulæ, R. Brown.
Squamules, *idem.*
Valvæ, *Valves*, Rœm. et Schult.

CARPE.

Akène, Rich.
Cariopse, Rich.
Cérion, Mirb.
Gros son,
Ovaire, *Ovarium*, P. Beauv.
Péricarpe, *idem.*
Pericarpium, *idem.*

ÉPIET.

Épillet, la plupart des auteurs.
Fascicule, Tourn.
Locusta, *Locuste*, Scheuchz., Gaertn., Mirb., Rasp.
Lodicule. P. Beauv.
Spicule, la plupart des auteurs.

AXE DE L'ÉPI.

Réceptacle, *Receptaculum*, Linn.

FLEUR.

Floscule, Linn.

IIe PARTIE.

DICTIONNAIRE DES NOMS D'ORGANES,

EMPLOYÉS PAR

LES AUTEURS QUI ONT ÉCRIT SUR LES GRAMINÉES (1).

NOTA. — Les dénominations des organes employées dans ce travail sont en CAPITALES, celles regardées comme superflues sont en *italiques*, et se trouvent rapportées aux mots que nous avons admis.

Akène, *A. Rich.* Nouv. élém. bot. tax., p. 87 (1833). Cette dénomination s'applique aussi au fruit des GRAMINÉES, lorsque les sépals sont étroitement appliqués sur le carpe.

ALBUMEN, *Grew*. Substance féculante qui, dans les GRAMINÉES, forme la presque totalité de leur graine, et produit, par la mouture, la farine. Cet albumen sert à la nutrition de la jeune plante, surtout pendant la germination, et un grand nombre d'animaux l'utilise comme aliment.

ARÊTE, *Arista*. (La plupart des auteurs.) Elle est formée par la dorsale et les fibres latérales parallèles, prolongées au-delà du sommet du sépal externe (*Blé*, *Orge*, *Seigle*), ou bien elle s'écarte plus ou moins bas du dos de ce sépal (*Avoine*, *Brome*); dans quelques autres GRAMINÉES, autres que les céréales, on trouve plusieurs arêtes.

ARTICLES. Parties articulées très-courtes du sommet de la tige des GRAMINÉES, qui donnent naissance, à leur sommet, aux fleurs sessiles, dans les épis (*Blé*), et aux pédoncules, dans les panicules (*Avoine*).

Bâle, *Tegmen*, *Gluma*. Ces mots ont été employés d'une manière si vague par les auteurs, qu'il est impossible d'en préciser l'emploi. *P. de Beauvois*, Agrost., p. XXVIII, a pris les mots *bâle* et *tegmen* dans le sens de l'ensemble des bractées qui entourent un épiet, et il

(1) La difficulté que j'ai éprouvée pour comprendre les descriptions de la plupart des auteurs qui ont écrit sur cette famille, m'a engagé à éviter cette peine aux autres, soit en me servant, dans les descriptions, des noms d'organes admis dans toutes les familles, soit en indiquant la synonymie des noms employés par les auteurs qui m'ont précédé.

nomme chaque bractée *glume*, M. *De Candolle* l'a employé dans le sens de *sépals*.

Barbe, voyez Arête.

Bractées, *Bracteæ*. Feuilles plus ou moins altérées, qui entourent un rameau multiflore (*Blé*, *Avoine*), (rarement uniflore, *Orge*).

Calice des Graminées, *Tourn.*, Inst., 513 (1719); — *Gaertn.*, Fruct., II, p. 9 (1791); — *Willd.*, Spec., I, p. 471 (1797); — *Ræm.* et *Schult.*, Syst., II, p. 44 (1817). Ce mot est pour nous synonyme de Bractées; tandis que pour *Juss.*, Gen. 32 (1789), il se rapporte aux Sépals.

Cariopse, *Cariopsis*, *A. Rich.*, Nouv. élém. bot. tax. 87 (1833); Carpe à une graine et indéhiscent.

Carpe, *Sering.*, Élém. bot., 187 (1841). Partie inférieure plus ou moins renflée du carpel, laquelle est remplie, dans les Graminées, par un très-grand albumen et un petit embryon. Il forme, par la mouture, le *gros son*.

Carpel, *Carpellum*, *De Cand.*, Org., I, p. 473 (1827). Organe de nature foliacée, qui porte les graines, concourt à leur développement; il est formé de trois parties, souvent très-distinctes, inférieurement du *carpe*, qui est la portion la plus renflée du *style* ordinairement filiforme, et celui-ci est terminé par le *stigmate* qui est ordinairement plumeux (dans les *céréales*).

Cérion, *Cerio*, *Mirb.*, Phys. vég., II, p. 798 (1815). L'auteur applique cette expression au fruit des Graminées, dont la graine présentant un très-gros albumen farineux, portant en bas et en dehors l'embryon.

Collure = Ligule.

Coreulum, *Juss.* Gen., p. 28 (1789). Embryon.

Corolle, *Corolla*, *Linn.*, Gen., p. 54 (1789). = *Gaert.* Fruct., II, p. 9. Il dit dans le *Seigle*, la corolle bilvalve (= Sépals). La valve extérieure (= Sépal externe), est carinée et ciliée, tandis que la valve interne est plane (= Sépal interne), 2, unis entre eux, tandis que l'externe est libre.

Corolle, *Corolla*, Micheli. Ce sont les vrais Pétals des Graminées. Les deux extérieurs existent presque toujours (pl. I, fig. 7, 9, 10, 11), pendant que le troisième, ou celui qui répond à l'axe des épiets, manque le plus souvent. Cet auteur avait bien saisi le rapport des organes floraux des Graminées.

Derme, *Sering.*, Élém. bot., 193 (1841). Peau qui recouvre immédiatement l'embryon et souvent une partie de l'albumen, comme dans les Graminées (vulgairement *petit son*).

Écaille, De Cand., Flor. franç., III, p. 1 (1805). L'auteur nomme ainsi toutes les parties de la fleur des Graminées, à l'exception du carpel et des étamines; cependant, il désigne plus spécialement sous celui de *glume* les Bractées, sous celui de *bâle*, les Sépals, et sous le nom de *petites écailles*, les Pétals.

Écaille, Squama, P. Beauvois, Agrost. XXXIII, (1812); — *Rasp.*, Phys., p. 461 (1837). P. de Beauvois a donné ce nom à chacune des Bractées qui entourent l'épiet, qu'il nomme collectivement *Lodicule*.

Embryon, *Embryo*. Espèce de bourgeon dû à la fleuraison, lequel se forme dans le derme, est muni d'une racine, ainsi que des autres organes de la nutrition, et qui se développe lorsque les circonstances atmosphériques lui sont favorables.

Épi, *Spica*. (Presque tous les auteurs.) Agglomération de plusieurs fleurs sessiles et distiques, partant alternativement à droite et à gauche du sommet de chaque article : c'est le vrai sens de cette espèce d'inflorescence appliquée aux Graminées (*Blé*, *Orge*, *Avoine*).

Épiet, ou Épillet. Groupe de fleurs (rarement fleur solitaire), entouré d'une ou plusieurs bractées (pl. I, fig. 2).

Étamine, *Stamen*. (Tous les auteurs.) Troisième spire d'organes floraux dans une fleur complète (pl. I, fig. 7, 9, 10; — II, fig. 7; — III, fig. 9). L'étamine est formée du filet et de l'anthère, laquelle renferme le pollen : les deux extrémités de l'anthère sont ordinairement fendues dans les Graminées.

Fascicule, Fasciculus, Tourn., Inst., 513, non les autres auteurs (1719) = Épiet.

Feuille, *Folium*. (Tous les auteurs.) Dans les Graminées, le pétiole est dilaté et forme une gaine, fendue dans toute sa longueur par la non union des deux bords. Entre cette gaine et la lame de la feuille se trouve souvent un appendice membraneux, que l'on nomme *ligule*; la *lame* est ordinairement étroite et pointue, ses fibres sont parallèles et non ramifiées.

Fleur. C'est l'appareil caractérisé par les organes de la fructification, lequel termine tout rameau et ne présente plus que des embryons.

Floscule, *Flosculus*, *Linn.*, Gen., p. 54 (1789); = *Rasp.*, Phys. II, p. 462, tableau (1837). = Fleur de Graminée, abstraction faite des Bractées.

Foliole, *Foliola*, *Linn.* (1), Gen., p. 54 (1789) = Pétals et Bractées.

Glume, *A. Rich.* = Sépals des Graminées.

Glume, *Juss.*, Gen., 32 (1789); — *P. Beauv.*, Agrost., XXXIII (1812); — *Mirb.*, Phys., 760 (1815); — *Linn.*, Gen., I, p. 54 (1789); = *Rasp.*, Phys., II, p. 462 (1837); = *R. Brown*, Prodr., 178, éd. *Nuremb.* 34 (1827) = Bractées qui se trouvent à la base des épiets des Graminées.

Gluma. *Willd.*, Spec., I, p. 471 (1797); — *A. Rich.*, Nouv. élém. bot. tax., p. 87 (1838); — *Endl.*, Gen., p. 103 (1836) = Sépals.

Glume, *Gluma*, *Tourn.*, Inst., 513 (1719). Cet auteur donne le nom de *calice* aux Bractées, pendant la fleuraison, et celui de *glume*, pendant la maturation = Bractées.

Glumella, *Glumelle*, *Mirb.*, Phys., 276 et 762; — *Sering.!* Mél. bot. p. 75 (1818) = Sépals.

Glumelle ou *Nectaire*, *A. Rich.*, Élém. bot. tax., 87 (1833) = Pétals.

Glumellule, *Glumellula*, *Desv.*, Journ. bot. (1813), p. 66; = *Sering.!* Mél. bot., p. 78 (1818) = Pétals.

Glumule, *Glumula*, *R. Brown*, Prodr., 168, éd. *Nuremb.* 24 (1827) = Bractées des Graminées.

Graine des Graminées. On applique vulgairement ce nom à la graine unique, qui se trouve étroitement enfermée dans le Carpe.

Dans cette famille, ce carpe produit, par la mouture, le *gros son*, et la peau propre de la graine, forme le *petit son*. Sous ces deux enveloppes se trouve un très-grand albumen qui constitue essentiellement la farine. Au bas, du côté opposé au sillon du carpe, et sous le carpe et le derme, se trouve une espèce d'écusson qui est le vrai embryon, pl. V, fig. 13.

(1) Le même auteur a aussi donné le nom de foliole aux pièces qui se détachent naturellement à la fin de la vie des feuilles composées (Légumineuses, etc.).

Involucre, *Involucrum*, *P. Beauv.*, Agrost., XXVII (1812); — *Rasp.*, Phys., II, p. 462 (1837) = BRACTÉES des GRAMINÉES.

LAME, *Lamina*. Partie plane de la feuille des GRAMINÉES, formée par des fibres parallèles, dont les intervalles sont comblés par les utricules.

Lépicène, *A. Rich.*, Nouv. élém. bot. tax., p. 87 (1833) = BRACTÉES des GRAMINÉES.

Locuste, *Locusta*, *Scheuchz.*, Agrost., et presque tous les anciens, *Gaertn.*, Fruct., II, p. 9 (1791); — *P. Beauv.* Agrost., XXIV (1812); — *Mirb.*, Phys., p. 276 (1815); — *Rasp.* Phys., II, p. 271 = ÉPIET.

Lodicule, *Lodicula*, *P. Beauv.*, Agrost., XXXIII et XXXIX (1812); — *Mirb.*, Phys., 764 (1812) = PÉTALS.

Nectaire, *Nectarium*, *Linn.*, Gen., 54 (1789); — *Schreb.*, *Rœm.* et *Schult.*, Syst., II, p. 45 (1817) et *A. Rich.*, Nouv. élém. bot. tax., p. 87 (1833) = PÉTALS.

NOEUD, *Nodus*. Renflement causé par l'entrecroisement des fibres, que présentent de distance en distance les tiges et les rameaux des GRAMINÉES : c'est de ces points seuls que partent les gaines des feuilles, aux aisselles desquelles naissent les rameaux.

Ovaire, *Ovarium* = CARPE unique et à une graine (dans les GRAMINÉES).

Paillette, *Palea*, *P. Beauv.*, Agrost. XXXIII (1812); — *Rasp.*, Phys., II, p. 462; — *Entl.*, Gen., p. 103 (1836) = SÉPALS (des GRAMINÉES).

Paléole, *Paleola*, *Mirb.*, Phys. 764 (1815); — *A. Rich.*, Nouv. élém. bot. tax., 87 (1833) = PÉTALS (des GRAMINÉES).

Parapétale, *Link* = PÉTALS.

Périanthe, *Perianthium*, *R. Brown*, Prodr., 26, éd. *Nur.* 168 = SÉPALS (des GRAMINÉES).

Péricarpe, *Pericarpium*, *R. Brown*, Prodr., 24, éd. *Nur.* 168 = CARPE.

PÉTALS, *Petala* (pl. I, fig. 7, 9, 10). Dans les GRAMINÉES, ce sont de petites lames souvent spatulées, demi-charnues, ciliées, persistantes et très-courtes, qui touchent la base du carpe du côté de l'embryon.

Pistil, *Pistillum* = CARPEL unique (dans les GRAMINÉES), dont le carpe ne renferme qu'une seule graine.

Réceptacle, *Receptaculum*, *Linn.*, Gen., p. 54 (1789). ARTICLE DE L'ÉPI, du sommet de chacun desquels naissent autant d'ÉPIETS.

SÉPALS, *Sepala* (pl. I, fig. 3, 4; — II, fig. 6 et 8). Spire la plus extérieure d'organes dans une fleur complète. Dans les GRAMINÉES les sépals sont dissemblables, l'extérieur ou inférieur est libre, généralement ferme, et porte, dans la plupart des céréales, une seule fibre dorsale, qui souvent se termine en arête : les deux sépals, placés entre le carpe et l'axe des fleurs, sont minces, transparents, le plus souvent unis l'un à l'autre par l'un de leurs bords (l'interne); ils présentent chacun leur dorsale.

Soie, *Seta*, *P. Beauv.*, Agrost., XXXV (1812) = ARÊTE des GRAMINÉES.

Spathelle, *Spathella*, *Mirb.*, Phys., 276 et 760 (1815) = BRACTÉES.

Spathellule, *Spathellula*, *Mirb.*, Phys., 276 et 763 (1815) = SÉPALS.

Spicule, *Spicula* (la plupart des auteurs) = ÉPIET.

Squamæ, *P. Beauv.*, Agrost., p. XXXIX (1812) = PÉTALS.

Squamulæ, *R. Brown*, Prodr., 24, éd. *Nur.* 168 (1827). — *Entl.*, Gen., p. 103 (1836) = PÉTALS.

Stragule, *Stragulum*, *P. Beauv.*, Agrost., XXXIII (1812) = SÉPALS (des GRAMINÉES).

Tegmen ou *Bâle*, *P. Beauv.*, Agrost., p. XXXIII (1812) = BRACTÉES.

Valvæ, *Ræm.* et *Schult.*, Syst., II, p. 44 (1817) = BRACTÉES et SÉPALS.

Valva, *Valve*, *Juss.*, Gen., 32 (1798) = SÉPALS (des GRAMINÉES).

Valve (des GRAMINÉES), *A. Rich.*, Taxon., p. 87 (1833) = BRACTÉES.

Valvula, *Valvule*, *Linn.*, Gen., 54 (1789) = SÉPAL EXTERNE.

TABLEAU DU GENRE

ORGE (Hordeum).

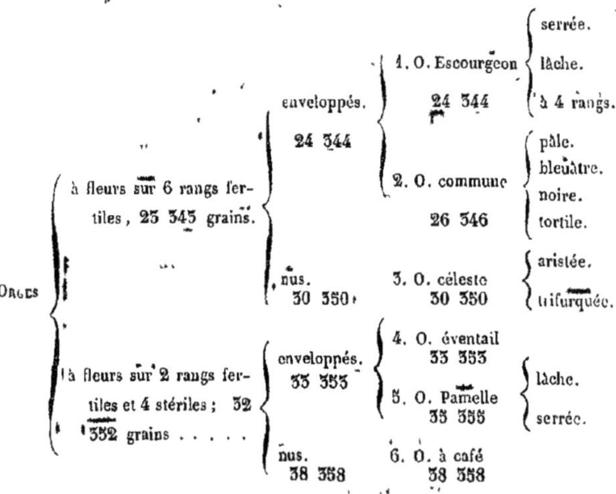

- Orges
  - à fleurs sur 6 rangs fertiles, 25 345 grains.
    - enveloppés. 24 344
      - 1. O. Escourgeon 24 344
        - serrée.
        - lâche.
        - à 4 rangs.
      - 2. O. commune 26 346
        - pâle.
        - bleuâtre.
        - noire.
        - tortile.
    - nus. 30 350
      - 3. O. céleste 30 350
        - aristée.
        - trifurquée.
  - à fleurs sur 2 rangs fertiles et 4 stériles ; 32 352 grains . . . . .
    - enveloppés. 33 353
      - 4. O. éventail 33 353
      - 5. O. Pamelle 35 355
        - lâche.
        - serrée.
    - nus. 38 358
      - 6. O. à café 38 358

Nota. — La synonymie des noms botaniques que je puis affirmer, est établie d'après l'ordre chronologique, et j'en indique le millésime; quant à celle des noms vulgaires, elle est disposée dans l'ordre alphabétique.

Toutes les figures sont accompagnées des mêmes lettres initiales de l'organe qu'elles représentent (Ainsi S signifie Sépal, P. Pétal, E. Étamine, E'. Anthère (de l'Étamine), E''. Pollen, C. Carpel, C'. Style, C''. Stigmate, etc.).

IIIe PARTIE.

DESCRIPTION DES GENRES, DES ESPÈCES ET DES VARIÉTÉS DES CÉRÉALES.

TRIBU 1re.

ÉPIÉES (SPICATÆ).

Fleurs disposées en épi.

§ 1er. — *Épiets uniflores.*

GENRE 1er.

ORGE, pl. I à VIII, **HORDEUM**, Tourn.

Fleurs en épi; Épiets uniflores, naissant trois à trois, du sommet de chaque article; toutes carpanthérées et fertiles (*Orges à six rangs*, pl. I, fig. 1; — II, fig. 1, 2, 3), ou les deux latérales anthérées et stériles; la centrale carpanthérée et fertile. (*O. à deux rangs*, pl. I, fig. 5; — VI, fig. 1, 2, 5.) — Bractées (pl. I, fig 1, 2), le plus souvent trois pour chaque épiet; deux extérieures à l'axe des fleurs (pl. I, fig. 1, 2), linéaires, aiguës, planes, plus ou moins velues sur leur face externe, très-longues; la troisième placée entre la fleur et l'axe, linéaire, courte, en plumet (pl. I, fig. 4, 6, 11). — Sépals trois; *l'extérieur* (pl. I, fig. 3; — III, fig. 6), grand, concave, libre, coriace, glabre, relevé de trois fibres presque parallèles, toujours terminé par une longue arête (1); et deux *sépals intérieurs*, unis par l'un de leurs

(1) Quelquefois l'arête se casse à sa naissance lorsque le vent est très-impétueux et que ce sépal est très-sec. On aperçoit toujours (à la loupe) la rupture. Les Orges ne sont donc jamais réellement sans barbes.

bords, presque jusqu'à leur sommet (pl. I, fig. 2; — VI, fig. 7; — VIII, fig. 3, 4), qui est légèrement fourchu. Ces sépals sont étroitement appliqués sur le *carpe* (1), avec lequel ils tombent dans les Orges dites à *grains enveloppés* (pl. I, fig. 1; — II, fig. 1, 2, 3), tandis que dans les *Orges nues* les grains y sont contenus; mais ils n'y adhèrent nullement, ils tombent comme ceux des *Froments* (pl. I, fig. 12, 13; — VIII, fig. 12, 13). — Pétals deux, libres, (pl. I, fig. 7, 11), membraneux, spatulés, ciliés, placés devant les bords du sépal externe, et conséquemment alternes (le troisième manque, pl. I, fig. 11). = Étamines trois, libres (pl. I, fig. 7; 9), à peine plus longues que la portion large du sépal externes, alternes avec les pétals; anthères allongées, fourchues à leurs deux extrémités. Style divisé dès sa base, en deux branches couvertes de très-longs poils qui ressemblent à deux plumets. Carpe ovoïde, creusé du côté de l'axe des fleurs d'un sillon peu profond et à bords très-arrondis, étroitement enveloppé par les sépals dans les Orges ordinaires (*O. Escourgeon*, *O. à six rangs*, etc.), et tombant avec eux, ou bien s'en séparant sous le fléau (*O. céleste*, *O. à café*). — Embryon placé au bas d'un gros albumen, formé de fécule dans laquelle se trouve très-peu de gluten.

Notre mot *Orge*, que l'on écrivait anciennement *Horge*, dérive évidemment de *Hordeum* (voir *l'Hist. du monde de Pline*, traduction de du Pinet, p. 10 (Lyon, 1566.)

L'Orge est probablement la première céréale dont on ait fait du pain. On donnait, à Athènes, des pensions en orge aux maîtres d'escrime, qu'on nommait *Hordeacei*, c'est-à-dire,

(1) Dans les céréales on donne à cet organe le nom de *grain*. Je préfère ce mot à celui de graine, qui doit ne s'appliquer qu'à la graine proprement dite, sans aucune enveloppe qui soit étrangère à son derme (peau). Ainsi en disant un grain de blé, un grain de raisin, il est bon que nous sachions bien que nous parlons du fruit, tandis qu'en nous servant du mot de graine nous n'entendons que l'organe reproducteur proprement dit, qui est renfermé dans le fruit.

Horgéens (du Pinet, trad. de Pline, p. 14, Lyon, 1566).

Les anciens avaient déjà remarqué que les *Orges* étaient à deux et à six rangs fertiles (du Pinet, traduct. de l'*Hist. du monde de Pline*, p. 15, Lyon, 1566).

Les Orges sont faciles à distinguer des autres GRAMINÉES *en ce que chaque article ne se termine pas par un seul épiet, mais par trois; que chacun d'eux est uniflore et accompagné de trois bractées, deux extérieures, linéaires et très-pointues, et une interne, courte et plumeuse.*

Nomenclature du genre.

Noms latins : HORDEUM, *Tourn.*, Inst., p. 295, t. 295, (1719); — *Linn.*, Gen, I, p. 54 (1789); — *Juss.*, Gen., p. 33 (1789); — *Poir.*, Enc. méth. bot., 4, p. 602 (1798); — *Lam.* et *De C.*, Flor. franç., 3., p. 91 (1805); — *Sering.!* Mél. bot., I, p. 138 (1818); — *Metzg.*, Eur. cer., p. 41 (1824); — *Endl.*, Gen., n° 917, p. 104 (1836).

Nom français, ORGE.

Nom allemand, GERSTE.

Nom anglais, BARLEY.

Nom danois et *norvégien*, BYG.

Noms italiens, ORZO, UORGIO.

Nom suédois, KORN.

SOUS-GENRE 1er.

HEXASTIQUES, HEXASTICHA

Chaque article terminé par trois fleurs carpanthérées et fertiles (pl. I, fig. 1. — II, fig. 1, 2, 3).

Nomenclature du sous-genre :

Hordea hexasticha, *Sering.!* Mél. bot., I, p. 140 (1818); = *Hordeum* (1), *P. Beauv.*, Agr., pag. 114 (1812);

(1) P. Beauv. a divisé les *Orges* en deux genres qu'on ne peut réellement admettre.

— *Vielzeilige Gersten*, *Metzg.*, Eur. cer., 40 (1824).

* I. — *Sépals étroitement appliqués sur le grain et tombant avec lui.*

ESPÈCE 1re.

ORGE ESCOURGEON, pl. II, HORDEUM HEXASTICHON (Linn.).

ÉPI court, raide; FLEURS très-serrées, étalées, disposées sur six rangs réguliers et bien distincts; arêtes divergentes, relevées d'une grosse fibre à peine bordée et accompagnée, de chaque côté, d'un sillon peu profond[1], et plane sur l'autre face; CARPE étroitement entouré à la maturité par les sépals, et restant enveloppé par eux; TIGES grosses à parois minces; FEUILLES larges.

Nomenclature botanique:

HORDEUM HEXASTICHON, *Linn.*, Spec., 1, p. 125 (1764); — *Poir.*, Enc. méth. bot., IV, p. 603 (1796); — *Willd.*, Spec., I, p. 473 (1793); — *Pers.*, Ench., I, p. 108 (1805); — *Lam.* et *De C.*, Flor. franç., III, p. 92 (1805); — *Tenore!* Cat. real giard. nap., p. 17 (1815); — *Rœm.* et *Schult.*, Syst. vég., II, p. 791 (1817); — *Sering.!* Mél. bot. I, p. 142 (1818); — *Metzg.*, Eur. cer., p. 40; — *Spreng.*, Syst., I, p. 269 (1825).

Variété 1re.

ESCOURGEON LACHE, HORDEUM HEXASTICHON LAXUM (*Sering.*)!

Axe de l'épi allongé; fleurs lâches.

Noms botaniques:

Hordeum hexastichon, A. *spica hexasticha laxa*, *Metzg.*, Eur. cer., p. 40, t. X, fig. B (1824).

[1] Il a conservé le nom de *Hordeum* au sous-genre, dont les caractères sont indiqués ci-dessus, et il a donné le nom de *Zeocriton* à celui dont les deux rangées extérieures de chaque article sont anthérées et stériles.

Variété 2.

Escourgeon serré, *Sering.!* (pl. II). Hordeum hexasticum densum.

Axe de l'épi raide; Fleurs très-rapprochées et étalées.

Noms botaniques :

Hordeum hexastichon, A., *Sering.!* Mél. bot., p. 142 (1818).
H. hexastichon, *B.*, *Metzg.*, Eur. cer., p. 40, tab. X, fig. A (1824).
H. hexastichon, *Viborg*, Abhand. gerst., p. 24; cer, 30, t. II, ex Pers.; — *Poir.*; Enc. méth. bot., IV, p. 603 (1796); — *Host*, Gram., 3, t. XXXV (1803); — *Lam.* et *De C.*, Flor. franç., III, p. 92 (1805); — *Pers.*, Ench., I, p. 108 (1805); — *Rœm.* et *Schult.*, Syst., II, p. 791 (1817); — *Tratt.*, Tab., t. CCCXLIV; — *Arduin*, Sagg. 3, t. II, fig. 1.

Noms français :

Orge escourgeon serré, *Sering.!* Cat. jard. Lyon, p. 8 (1839), Orge escourgeon, *Sering.!* Petit agric., p. 261 (1841); Écourgeon, Escourgeon, Orge anguleuse, O. à six côtés, O. à six rangs, O. carrée, O. Chevalin, O. de prime, O. d'hiver, O. hexastique, O. Pécourgeon; Sécourgeon, Secours des gens, Scorion, Sucrion.

Noms allemands :

Herbstgerste, Kielgerste, Rollgerste, Rothgerste, Sechszeilige wintergeste, Stockgerste, Vielzeilige gerste, Wintergerste.

Noms italiens :

Orzo a sciacquatrillo, *Tenor!* (Lecce); — O. di S. Giovani, *Tenor!* (Piémont); — O. marzalico, *Tenor!* (Abruzze ultérieure); — O. maschio, *Tenor!* (Florence); — O. turchesco, *Tenor!* (Lecce, royaume de Naples) (1).

Noms anglais :

Scolch barley, Square barley, The bear barley, Winter barley.

Noms suédois :

Grofkorn, Kaeglekorn, Sexrodigtkorn.

(1) Cette synonymie a été vérifiée (!) sur les exemplaires du Musée de Naples, citée dans le Catalogue de la collection agronomique, p. 17 (1815), dont le Roi a bien voulu permettre la communication.

Noms danois :

Sexkantet byg, Sexradet byg.

Noms norvégiens :

Walbyg, Winterbyg.

Variété 3.

ESCOURGEON A QUATRE RANGS, *Sering.*

Fleur de chaque article, deux fertiles au lieu de trois.

Noms botaniques :

Hordeum hexastichon B., spica abortu tetrastachya, *Sering.!* Mél. bot., I, p. 144 (1818).

ESPÈCE 2.

ORGE COMMUNE, pl. III, HORDEUM VULGARE (Linn.).

ÉPI allongé, flexible et un peu arqué; FLEURS lâches, ascendantes, disposées sur six rangs peu réguliers, rangée centrale de chaque article plus saillante; ARÊTES ascendantes; dorsale de chaque sépal prolongée, dans l'arête ou barbe, et accompagnée, de chaque côté, d'une ligne parallèle, visible à la loupe, et en saillie; CARPE étroitement entouré, à la maturité, par les sépals et enveloppé par eux.

Variété 1re.

ORGE COMMUNE PALE, *Sering.!* (pl. III), HORDEUM VULGARE PALLIDUM.

Épi jaune-pâle

Cette variété est cultivée presque partout, soit comme Orge d'automne, soit comme Orge de printemps.

Noms botaniques :

Hordeum vulgare α *Linn.*, Spec., p. 125 (1764); — *Poir.*, Enc. méth. bot., IV, p. 602 (1796); — *Willd.*, Spec., I, p. 472 (1797); — *Host*, Gram., 3, t. XXXIV (1803); — *Lam.* et *Dc C.*, Flor. franç., III, p. 92, var. α (1805); — *Pers.*, Ench., I, p. 108, var. α (1805); — *P. Beauv.*, Agr., p. 114 (1812); — *Tenore!* Cat. real giard., 17 (1815); — *Rœm.* et *Schult.*, Syst., II, p. 791 (1817); — *Sering.!* Mél., bot., I, p. 145 (1818). Sous le nom de *Hordeum vulgare* A, *spica flavescente.*

Hordeum vulgare A et B, *Metzg.*, Eur. cer., p. 41 et 42, tab. IX, fig. B. (1).

Hordeum vulgare C, *hybernum*, *Viborg*, Abhandl. gerst., p. 18.

Hordeum vulgare hybernum, *Wagini*, Anb. getreid., p. 66.

Nom français.

Orge commune pâle, *Sering.!* Cat. jard. Lyon, p. 8 (1839); — O. commune *Sering.!* Petit agric., p. 261, n° 947 (1841); — Orge, O. commune, O. commune d'été, O. commune d'hiver, O. d'été, O. d'hiver.

Noms allemands :

Baerengerste, Gemeinegerste, Gemeine sommergerste, Kerngerste, Kleinegerste, Kleine vielzeilige gerste, Sandgerste, Sommergerste, Spatgerste, Vielzeilige sommergerste, Vielzeilige gerste, Wintergerste, Zeilengerste.

Noms italiens :

Orzo, Uorgio, Orzo vergio; *Tenore!* Mus. nap.

Noms anglais :

Barley, Common barley, Rothripe barley, Spring barley.

Noms danois :

Almindeligt byg, Baarbyg, Byg, Korn, Sommerbyg, Winterbyg.

Noms suédois :

Bjugg, Korn.

Variété 2.

ORGE COMMUNE BLEUATRE, *Metzg.* HORDEUM VULGARE COERULESCENS.

Se distingue de la variété pâle par la teinte bleuâtre de son épi,

(1) Quelques auteurs ont établi deux variétés (O. d'hiver, O. de printemps), mais aucun caractère botanique ne les distingue ; elles ne peuvent être séparées.

mais elle pourrait bien n'être qu'une nuance légère de la variété noire, due au degré de maturité, ou à la grande chaleur pendant la végétation.

Noms botaniques :

Hordeum vulgare C *seminibus vestitis, spica cœrulescente, Metzg.*, Eur. cer., p. 43 (1824).

Noms français :

Orge commune bleuâtre, O. commune à épi violet.

Noms allemands :

Blauliche wintergerste, grosse gemeine gerste.

Variété 3.

ORGE COMMUNE NOIRE, *Sering.!* HORDEUM VULGARE NIGRUM.

Épi noir, recouvert d'une efflorescence pruineuse qui disparaît facilement au toucher.

Cette teinte noire de l'orge commune ne se fait remarquer que douze à quatorze jours après la fleuraison, elle commence par l'extrémité supérieure des sépals, qui se dessèche la première. Cependant, dès la fleuraison, la plante entière offre une teinte plus foncée que dans les autres variétés. — Elle n'est guère cultivée que par curiosité. Son albumen (farine) participe aussi de la teinte noire généralement répandue sur la plante. — Voir d'ailleurs la variété précédente, qui n'est peut-être qu'une légère modification de celle-ci.

Noms botaniques :

Hordeum vulgare γ *seminibus nigris*, *Willd.*, Spec., I, p. 474 (1797); — *Pers.*, Ench., I, p. 108 (1805).

Hordeum vulgare B, *spica nigrescente*, *Sering.!* Mél. bot., I, (1818); — *Metzg.*, Eur. cer., p. 43, var. D.

Hordeum nigrum, *Willd.*, Énum., II, p. 1037 (1809); — *Rœm.* et *Schult.*, Syst. II, p. 791, n° 2 (1817); — *P. Beauv.*, Agrost., p. 114 (1812).

Hordeum semine nigricante, *Tenore!* Cat. real giard. napol. (1815).

Hordeum vulgare D, *seminibus vestitis*, *spica nigricante*, *Metzg.*, Eur. cer., 43 (1824).

Noms français :

Orge commune à épi noir, O. de Russie, O. noire.

Noms allemands :

Blaue sechszeilige gerste aus Russland, Russische wintergerste, Schwarzahrige gerste, Schwarze gemeine gerste, Schwarze gerste; Schwarze russiche wintergerste, Schwarze wintergerste.

Noms italiens :

Orzo di America (des Piémontais).

Noms danois :

Sortaxet Byg.

Variété 4.

ORGE COMMUNE TORTILE, *Audib. frèr.!* pl. III * (1820). HORDEUM VULGARE TORTILE.

Sépals pâles; l'extérieur, souvent déformé au sommet, et à barbe diversement flexueuse et tordue.

Cette singulière variété de l'Orge commune présente de nombreuses déformations (pl. III), tantôt la barbe (ou arête) s'élargit à plat vers sa base (fig. 5), d'autres fois le sépal externe se creuse et s'étend diversement (fig. 6, 7, 8, 9). Cet état singulier m'a été envoyé par MM. *Audibert frères*; de Tarascon; et par M. *Robert*, directeur du jardin botanique de Toulon.

Nom botanique :

Hordeum tortile, *Robert!* (1832).

* 2. — CARPES (*grains*) *tombant nus sous le fléau, les sépals restant fixés au sommet des articles; c'est ce que l'on nomme vulgairement des* Orges à graines nues.

ESPÈCE 3.

ORGE CÉLESTE, pl. IV, HORDEUM COELESTE. *P. Beauv.*, Agr., 114 (1812).

ÉPI allongé, flexible, arqué; FLEURS lâches, ascendantes, disposées sur six rangs réguliers; ARÊTE large, mince sur les bords, creusée, sur chaque côté de la prolongation de la dorsale, de deux profondes cannelures parallèles, visibles sur les deux faces, sans présenter de fibres latérales; CARPES non adhérents aux sépals crustacés fragiles.

Cette espèce doit être séparée de l'*Orge commune*, à laquelle presque tous les auteurs l'ont réunie. Ses caractères botaniques sont bien distincts; l'épi présente plus de flexibilité que celui de l'O. commune; ses sépals, au lieu d'être épais, fermes et étroitement appliqués sur le grain, sont crustacés, minces, lisses, très-fragiles, et libre d'adhérence; l'arête qui termine le sépal externe est beaucoup plus large; deux sillons profonds parallèles accompagnent cette dorsale prolongée; tandis que dans l'*O. commune*, la dorsale de l'arête est insensiblement déclive jusqu'aux bords; cette dorsale ne présente pas de cannelures latérales, mais deux fibres étroites, peu visibles à l'œil nu. Les grains sont aussi plus gros que ceux de l'orge commune.

Cette espèce, qui réussit bien presque partout, doit être récoltée un peu avant sa maturité parfaite, car elle s'égraine facilement, surtout dans les années sèches.

Variété 1re.

ORGE CÉLESTE BARBUE, *Sering.!* pl. IV, HORDEUM COELESTE BARBATUM.

Sépal externe insensiblement terminé en longue arête, droite et fragile.

Noms botaniques :

Hordeum nudum, sive Gymnocrithon, J. Bauh., Cherl. et Chabr., Hist. plant., II, p. 430 (1651).

Hordeum vulgare cœleste, Linn., Spec., I, p. 125 (1764); — *Poir.*, Enc. bot., IV, p. 602 (1796); — *Willd.*, Spec., I, p. 472 (1797); — *Pers.*, Ench., I, p. 109 (1805); — *Rœm.* et *Schult.*, Syst., II, p. 791 (1817).

Hordeum cœleste, P. Beauv., Agr. 114 (1812); — *Thaër*, Ration. landwirtsch., IV, p. 80 et 85. — *Sering.!* Pet. agric., p. 261 (1814).

Hordeum cœleste et H. vulgare cœleste, Tenor! Cat. real giard. napol., p. 17 (1815).

Hordeum vulgare C, *seminibus nudis, spica flavescente, Sering.!* Mél. bot., I, p. 148 (1818).

Hordeum vulgare E, *seminibus nudis, spica flavescente, Metzg.*, Eur. cer., p. 44 (1824).

Noms français :

Orge céleste barbue, Sering.! Cat. jard. Lyon, pag. 8 (1839). Orge céleste, O. commune à graines nues, O. de Jérusalem, O. de Sibérie, O. nue.

Noms allemands :

Aegyptisches korn oder Roggen, Aegyptischer Rocken, Aegyptischer rugeller korn, Davidskorn oder Roggen, Gerstweizen, Griesgerste, Himmel Gerste, Himmels korn, Jerusalem Gerste, Jeruralemskorn, Kern, Kernsamen, Kleine nackte Gerste, klein nackte sechszeilige Gerste, Nackte Gerste, Reis gerste, Sechzeilige nackte Himmels Gerste, Sibirisch korn, Thor Gerste, Vielzeilige nackte Gerste, Wallachisches korn, Weizen Gerste, Weizen spelz.

Noms italiens :

Orzo nudo, O. monstarolo, O. mondato, O. farro, O. e grano, O. zingarello.

Noms anglais :

French barley, Naked barley, Wheat barley.

Noms danois :

Egyptisch Rugeller korn, Hevede byg, Himmel byg, Himmel korn.

Nom espagnol :

Hordiate polau y verd.

Noms norvégiens :

Davids byg, Himmel byg, Himmel korn, Thore byg.

Variété 2.

ORGE CÉLESTE TRIFURQUÉE, *Sering.!* HORDEUM COELESTE TRIFURCATUM, pl. V.

ÉPI droit, presque cylindrique, imberbe; SÉPAL externe trifurqué blanc et pétaloïde au sommet pendant la fleuraison (pl. V, fig. 1, 2, 3); quelquefois les deux pointes latérales, prolongées en arêtes, sont incomplètes (pl. V, fig. 5, 6, 7).

Il paraîtrait que les premiers auteurs connaissaient déjà cette variété, car *du Pinet*, dans sa traduction de Pline (*Historia mundi*), II, p. 15 (Lyon, 1566), mentionne une *orge sans barbe et sans bourre, qu'on apporte de Barbarie et de Grenade avec laquelle on fait un orge mondé qui était très-estimé.*

Noms botaniques :

Hordeum cœleste trifurcatum, *Sering.!* Cat. jard. Lyon, p. 8, (1839).

Hordeum Himalayense, *Herb.*, Mus. Par.

Noms français :

Orge céleste trifurquée, O. trifurquée, O. de l'Himalaya.

SOUS-GENRE 2.

DISTIQUES, DISTICHA, *Sering.* (pl. VI, VII, VIII).

ÉPI comprimé, ARTICLE terminé chacun par trois FLEURS, la *centrale* carpanthérée, sessile et fertile à *sépal externe* aristé, les *latérales* courtement pédicellées, anthérées (pl. I, fig. 10; — VI, fig. 15; — pl. VIII, fig. 8), les stériles, à SÉPAL externe toujours imberbe (pl. I, fig. 14; — VI, fig. 12, 13; — VII, fig. 4 (X stériles) et 7; — VIII, fig. 5, 6 et 2 (4, X stériles). BRACTÉES des fleurs stériles naissant sensiblement plus haut les unes que les autres.

Les anciens avaient bien distingué ces deux groupes; *du Pinet*, traducteur de Pline, p. 15, Lyon, 1566, indique des *orges à deux quarres* (rangs); ce sont ceux de ce sous-genre; d'autres sont à un plus grand nombre de *quarres*, ils se rapportent au premier sous-genre.

Noms du sous-genre :

Zeocriton, *P. Beauv.*, Agrost., p. 115 (1), pl. XXI, fig. 2, a. b. (1812).

Hordea disticha, *Sering.* Mél. bot., I, p. 149 (1818); = *Metzg.*, Eur. cer., 45 (1824).

§ 3. — *Carpes enveloppés à la maturité par les sépals.*

ESPÈCE 4.

ORGE ÉVENTAIL, pl. VII, HORDEUM ZEOCRITON, *Linn.*

ÉPI lancéolé, comprimé, raide; FLEURS fertiles très-étalées sur deux rangs opposés; SÉPALS appliqués sur le carpe (grain) auquel ils adhèrent; ARÊTES rayonnantes, relevées sur les deux faces d'une grosse fibre convexe accompagnée de chaque côté d'un sillon peu prononcé, mais visible sur les deux surfaces.

Cette espèce se distingue facilement des autres orges distiques enveloppés, à la divergence rayonnante de ses longues arêtes et à son épi lancéolé.

(1) *P. Beauvois* (l. c.) a établi son genre ZEOCRITON avec les mêmes caractères que notre sous-genre; malgré l'aspect tout particulier qu'offrent les épis dans ce groupe, je ne crois pas ces caractères assez importants pour conserver son genre.

Jusqu'à ce jour, on n'a observé aucune variété, ni variation dans cette espèce.

Noms botaniques :

Hordeum dictum Oryza germanica, *Bauh.*, Hist., II, p. 429 ; icon. (1650).

Zeocriton seu Oryza germanica, *Bauh.*, Pin.

Hordeum zeocriton, *Linn.*, Spec., I, p. 125 (1764); — *Willd.*, Spec., I, p. 473 (1797); — *Poir.*, Enc. méth. bot., IV, p. 603 (1796); — *Host.*, Gram., 3, t. XXXVII (1803); — *Lam.* et *De C.*, Flor. franç., III, p. 93 (1805); — *Pers.*, Ench., I, p. 109 (1805); — *Willd.*, Énum., II, p. 1038 (1809); — *Schreb.*, Gram., p. 125, t. XVII (1810); — *Rœm.* et *Schult.*, Syst., II, p. 793 (1817); — *Sering.!* Mél. bot., I, p. 153 (1818); — *Metzg.*, Eur. cer., p. 45, pl. XI, fig. C. (1824); — *Viborg.*, Cer., p. 40, t. IV ; — *Trattin.*, Tabul., t. DXLVI.

Hordeum distichon B., *Lam.*, Flor. franç., III, p. 624 (1793).

Zeocriton commune, *P. Beauv.* Agrost., p. 114 (1812).

Noms français :

Orge éventail, O. à large épi, O. de Russie, O. faux riz, O. pyramidale, Riz rustique, Riz d'Allemagne.

Noms allemands :

Deutscher Reis, Dinkel korn, Fæcher Gerste, Fechtel Gerste, Japonische Gerste, Hammelkorn, Pfauen Gerste, Riennen Gerste, St-Petersbourg Turkische Gerste, Venitianische Gerste, Wouchergerste.

Noms anglais :

Battle-door-barley, Fuhlham barley, Potney barley, Sprathbarley.

Noms italiens :

Orzo di Germania, O. a penna.

Noms espagnols :

Arroz de alemania, Espelta cebada.

Noms suédois :

Bredkorn, Plumage korn, Skyffelkorn.

Noms danois :

Riis, Riisbyg.

Nom japonais :

Paddy gunning.

ESPÈCE 5.

ORGE PAMELLE, pl. VI, HORDEUM DISTICHON, *Linn.*

ÉPI oblong, comprimé, souvent fléchi sur l'un de ses bords ; FLEURS FERTILES ascendantes, à arêtes ou barbes presque parallèles, dont la fibration ressemble à la précédente espèce ; SÉPALS appliqués sur le carpe (grain) auquel ils adhèrent.

Noms botaniques :

Hordeum distichon, *Linn.*, Spec., I. p. 125, var. α (1764); — *Poir.*, Enc. méth. bot., IV, p. 603 (1796); — *Willd.*, Spec., I, p. 473 (1797); — *Host.*, Gram., III, tab. 36 (1803); — *Lam.* et *De C.*, Flor. franç., III, p. 92 (1805); — *Pers.*, Ench., I, p. 108 (1805); — *Rœm.* et *Schult.*, Syst., II, p. 793 (1817); — *Sering.* Mél. bot., I, p. 150 (1818); — *Metzg.*, Eur. cer., p. 40 (1824).

Zeocriton distichon, *P. Beauv.*, Agrost., p. 114 (1812).

Variété 1re.

ORGE PAMELLE LACHE, pl. VI, fig. 1, HORDEUM DISTICHON LAXUM, *Sering.!* Cat. jard., Lyon, 8 (1839).

ÉPI allongé, arqué sur les bords; BRACTÉES rapprochées les unes des autres et ascendantes; arêtes presque parallèles; fleurs distantes, imbriquées.

Noms botaniques :

Hordeum distichon A., *seminibus vestitis*, *spica flexili elongata*, *spiculis laxè imbricatis*, *Sering.!* Mél. bot., I, p. 150 (1818); — *Metzg.*, Eur. cer., p. 46, var. A.

Hordeum Zeocriton, *Tenor!* Cat. real giard. napol., p. 17 (1815), non Linn.

Noms français :

Orge pamelle lâche, *Sering.!* Cat., Lyon, p. 8 (1839), O. à deux rangs lâche, Baillard, Bailleraye, O. de mars, O. distique, Pamelle, Parmouille, Paumelle, Paumoule.

Noms allemands :

Frühgerste, Futtergerste, Grossegerste, Grosse zweyzeilige gerste, Plattgerste, Sommergerste, Zielgerste, Zweyzeilige gerste, Zweyzeilige sommergerste.

Noms italiens :

Scandella, Orzo coriola.

Noms espagnols :

Cebada, Cadilla.

Noms portugais :

Cevada distichada sancta.

Noms suédois :

Brandkorn, Danskakorn, Flakbing, Flatakorn, Gumrik, Tvaradigtkorn.

Noms danois :

Langaxet byg, Toradet byg.

Noms norvégiens :

Fladbyg, Fledbyg.

Variété 2.

ORGE-PAMELLE SERRÉE, pl. VI, fig. 2, 3, HORDEUM DISTICHON DENSUM, *Sering.!*

ÉPI élargi, oblong, lancéolé, droit ou à peine courbé; FLEURS fertiles, serrées, obliquement étalées.

Cette variété, qui diffère dans divers échantillons par la beauté de l'épi, s'observe souvent beaucoup plus petite, sur les montagnes de la Suisse, avec l'apparence mutique (sans barbes, pl. VI, fig 3). Cette privation d'arêtes n'est point due à un avortement, mais à leur rupture par la violence des vents. (C'est alors l'*Hordeum distichon imberbe* ou *Orge imberbe*, *Lam.* et *De C.*, Flor. franç., III, p. 93.)

Noms botaniques :

Hordeum distichon B., *seminibus vestitis*, *spica rigida brevi*, *spiculis densè imbricatis*, *Sering.!* Mél. bot., I, p. 151 (1818); — *Metzg.*, Eur. cer., t. XI, p. 47, fig. A. (1824); — *Hordeum distichon erectum*, *Schübl*, Diss., p. 41; — *Hordeum multicaule*, *Wagini*, Aub. d. Getreid., 78; — *Hordeum aristis deciduis*, *Wagini*, Aub. getr., 78 *.

Noms français :

Orge pamelle serrée, *Sering.!* Cat., Lyon, p. 8 (1839), O. distique à épiets rapprochés, O. distique à fleurs rapprochées, O. plate.

Noms allemands :

Hainfeldergerste, Spiegelgerste, Stauden gerste.

Variété 3.

ORGE PAMELLE NOIRE, *Metzg.*, HORDEUM DISTICHON NIGRICANS.

M. *Wagini* possède seul, selon M. *Metzger*, cette variété dont ce dernier naturaliste ne donne qu'une diagnose très-courte.

Nom botanique :

Hordeum distichon C., *seminibus vestitis*, *spica nigricante*, *Metzg.*, Eur. cer., p. 48 (1824).

Variété 4.

Orge pamelle rameuse, *Sering.!* Hordeum distichon ramosum, pl. VI, fig. 4.

§ IV. — *Carpes* (grains) *tombant nus sous le fléau.*

Espèce 6.

Orge a café, pl. VIII, Hordeum cœlestoides, *Sering.!*

Épi oblong, aplati, très-flexible, épais; Fleurs lâches entuilées; Sépals minces, crustacés, secs, non adhérents au carpe (grain); Sépals des fleurs anthérées hispides; Arêtes larges, relevées d'une épaisse dorsale, creusées latéralement d'un sillon marqué, plane sur la face interne; Carpe (grain) plus gros que dans l'*Orge céleste*.

Noms botaniques :

Hordeum distichon nudum, *Linn.*, Spec., I, p. 125 (1764); — *Poir.*, Enc. méth. bot., IV, p. 603 (1796); — *Lam.* et *De C.*, Flor. franç., III, p. 93 (1805); — *Tenor!* Cat. real. giard. nap., 17 (1815); — *Rœm.* et *Schult.*, Syst., II, p. 793 (1817).

Hordeum distichon C., *seminibus nudis*, *spica flexili*, *spiculis laxè imbricatis*, *Sering.!* Mél. bot., I, p. 153 (1818).

Hordeum distichon D., *seminibus nudis*, *spica elongata nutante*, *Metzg.*, Eur. cer., t. XI; p. 48, fig. C. (1824).

Zeocriton distichum, *P. Beauv.*, Agrost., p. 115 (1812).

Noms français :

Orge à café, O. à deux rangs nue, O. d'Espagne, O. du Pérou, O. nue;

Noms allemands :

Egyptischkorn, Grosse himmelgerse, Grosse nackte gerste, Polnische zweyzeilige sommergerste, Russische gerste, Weizgerste, Zweyzeilige Himmelgerste.

Noms anglais :

Haliday barley, Siberion.

Noms norvégiens :

Himmelbyg, Neogent taradet Byg, Thora Byg.

Culture des ORGES *et leur utilité.*

Les Orges, comme toutes les plantes, dont on veut retirer des produits abondants, doivent être semées dans un terrain profondément labouré, bien préparé et qui renferme encore une certaine quantité d'engrais nécessaire à leurs nombreuses racines.

Comme presque toutes les céréales, elles peuvent être semées en automne et au printemps; mais en général, les ensemencements d'automne sont préférables pour nos contrées. A cette époque, les racines s'établissent profondément, et les plantes peuvent supporter au printemps le développement des tiges et des épis. Dans les semis du printemps, au contraire, les plantes sont saisies par les chaleurs, et elles restent en herbe sans pouvoir développer leurs tiges fructifères. On doit donc semer de bonne heure, autant que les travaux de la campagne et les circonstances atmosphériques le permettent.

On sait aussi que la graine humectée d'abord avec de l'eau ou même chaulée et mise en tas pendant deux jours, germe plus vite que celle qui est sèche, surtout si elle ne trouve pas de suite à absorber une humidité convenable.

M. *Yvart* a remarqué que les Orges semées trop tard, et surtout celles qui croissent pendant les années pluvieuses, sont attaquées du *charbon* (*Uredo carbo*), et que le chaulage les préserve de ce champignon qui détruit non-seulement le grain, mais encore toutes ses enveloppes.

Les terrains qui conviennent aux *Orges* sont ceux où réussiraient les *Blés* : mais on choisit de préférence ceux qui sont un peu humides et sur lesquels les Blés seraient exposés à verser, tandis que les Orges, à tige plus basse, y sont beaucoup moins sujettes.

M. *de Dombasle* estime à deux hectolitres par hectare l'Orge qu'on sème à la volée ; la quantité peut en être réduite au moyen du semoir ; mais, dans ce dernier cas surtout, on doit préalablement étendre le grain qui a été humecté ou chaulé, afin qu'il glisse plus facilement.

Tous les agriculteurs ne sont pas favorisés par des sols féconds, profonds et riches : aussi sont-ils souvent réduits à semer les Orges dans des terrains sablonneux ou granitiques. Dans ce cas, ils emploient un état appauvri de l'Orge commune, qu'ils nomment *Orge des sables*, dans laquelle les proportions de l'albumen sont beaucoup réduites, tandis que ses sépals ont la même épaisseur et la même dureté. Cet état de l'Orge n'est employé pour la confection de la bière qu'autant que l'Orge cultivée dans des terrains riches manque.

Cette prétendue espèce d'Orge, qui n'est qu'un état appauvri de l'Orge commune et non une variété cultivée pendant plusieurs années, reprendra sûrement le volume et le poids de l'Orge commune. Ce n'est pas d'une année à l'autre qu'une céréale peut acquérir la perfection à laquelle elle pourra arriver, quoique cultivée dans un excellent terrain. M. Vilmorin l'a bien prouvé pour la carotte de nos prés.

Les Orges demandent à être hersées de manière à ce que leurs grains soient recouverts de cinq à huit centimètres de terre (deux à trois pouces).

Si quelques jours chauds surviennent après le semis, les molécules des terres argileuses ou des sols calcaires s'agglomèrent et forment à la superficie une couche dure que traversent difficilement les jeunes plantes. Alors, il est avantageux de passer une herse légère qui en émiette la surface et rende le sol perméable à l'air et à l'humidité des nuits, mais il ne faut pas attendre que la plante soit trop avancée.

On doit choisir pour cette opération le moment de la journée où le soleil a rendu les feuilles un peu flasques. Le matin, elles seraient trop fermes et trop fragiles.

Les Orges, semées dans des terrains sablonneux ou granitiques, ont besoin d'être enterrées plus profondément et tassées au moyen du rouleau, afin d'empêcher l'humidité de s'évaporer trop vite. Les Orges des terrains siliceux résistent mieux à l'excès d'humidité que celles des bons terrains; les sols très-poreux s'égouttent très-vite.

Si l'on sème l'Orge au printemps, sa végétation rapide permet des cultures momentanées avant et après. On la voit réussir ordinairement très-bien après les *Carottes*, les *Raves*, les *Navets*, ou toute autre plante sarclée. Il est aussi très-avantageux de la semer avec le *Trèfle*, la *Lupuline* ou le *Sainfoin* (1).

On obtient de cette manière une série de récoltes très-productives, sans exiger beaucoup de labours et d'engrais. Quelquefois l'Orge donne une seconde récolte avantageuse, dans la même année, après une première de pois hâtifs, faite de bonne heure (V. *Yvart*).

Il n'existe aucune différence appréciable entre les *Orges d'hiver* et celles *de printemps;* mais il se peut que des grains semés pendant un certain nombre d'années en automne, réus-

(1) Voir dans le *Petit Agriculteur*, de la page 105 à 208, la description de toutes les plantes cultivées en grand. (Chez Hachette, à Paris, chez Giberton et Brun, à Lyon. = 1 fr. 50 c.)

sissent moins bien lorsqu'on les sème au printemps. Comme les Blés de printemps, ils sont souvent saisis par la chaleur à cette époque, étant encore trop faibles, et ils ne peuvent développer leurs épis.

Les Orges ont une grande quantité de racines qui épuisent beaucoup la terre ; c'est pour cela qu'on sème souvent avec elles du *Trèfle*, qui améliore le sol.

Leur culture convient, en général, dans le voisinage des grandes villes où les engrais sont plus abondants et la vente plus assurée ; mais elle est surtout applicable à ceux de nos départements où la bière est la boisson habituelle, ainsi qu'au petit nombre de ceux où, comme en Espagne, les chevaux sont nourris d'*Orge* au lieu d'*Avoine*.

La tige des Orges est toujours creuse et tapissée en dedans de quelques couches d'utricules ; l'extérieur est recouvert d'un vernis siliceux très-lisse et fort brillant, qui a engagé à en faire des ornements de chapeaux. Leur paille est moins estimée pour la nourriture des animaux domestiques que celle du blé, de l'avoine : elle n'est guère utilisée que pour litière.

La fleuraison des Orges a lieu avant celle de toutes les autres céréales semées à la même époque qu'elles ; leurs fleurs s'ouvrent à peine pour laisser paraître l'un des bouts des anthères : immédiatement après, les sépals se contractent, et le grain est le plus souvent étroitement enveloppé par eux, et même adhérent.

Si, pendant cette fleuraison, des brouillards ou la pluie sont permanents, alors la fécondation n'a pas lieu et les fleurs avortent le plus souvent en partie, car nous avons vu que la fleuraison dure pendant plusieurs jours.

Nous avons aussi vu que les fleurs des espèces de ce genre sont dans l'une des sections toutes carpanthérées ; dans l'autre, une seule fleur de chaque article (la centrale) parmi les trois est carpanthérée et fertile, tandis que les deux autres sont anthérées, stériles, et sans arêtes ou barbes.

L'Orge doit être coupée pour fourrage à l'époque où les épis sont sortis de la dernière gaine de feuilles et qu'elle est prête à fleurir. Elle est souvent alors employée en vert pour la nourriture des vaches et des ânesses, dont elle augmente beaucoup le lait; elle rétablit promptement les chevaux et les bœufs épuisés par les travaux excessifs. On peut sécher aussi les Orges coupées à l'époque indiquée. Elles fournissent un foin de très-bonne qualité. Les Orges coupées à cette époque repoussent fort vite et sont très-recherchées des bêtes à laine.

Comme les Orges semées en automne et coupées en vert, ou même en maturité, sont les plus précoces des céréales; on peut les labourer aussitôt après la récolte, et y semer des *Pois*, des *Haricots*, des *Raves*, des *Navets*, la *Spergule*, le *Chanvre*, le *Maïs-fourrage*, et obtenir encore une récolte dérobée.

L'Orge cultivée pour son grain, doit être récoltée dans le moment où ce grain n'est plus laiteux, mais, où il a encore une certaine mollesse, semblable à celle de la cire. On reconnaît encore l'approche de la maturité à la couleur pâle de l'épi qui se penche.

Si l'Orge est déjà trop sèche, il faut, pour la faucher, choisir le matin où elle est encore toute humide de rosée, car pendant la chaleur il s'en perdrait beaucoup.

L'Orge, pauvre en matière féculente (dite *Orge des sables*), ne doit point être mêlée, lorsqu'on veut en faire la bière, avec celle qui a acquis un beau développement. La germination s'opère plus lentement dans celle de mauvaise qualité; elle serait donc en pure perte, puisqu'elle n'entrerait en fermentation qu'au moment où l'on devrait arrêter la germination dans celle de première qualité.

La paille d'Orge renferme peu de matière nutritive, surtout celle provenant des plantes cultivées dans les terrains siliceux : cette dernière est flasque.

Les Orges sont les *céréales* les plus anciennement cultivées ; on en trouve dans les cercueils des momies égyptiennes.

La patrie des Orges est incertaine : on présume qu'elles proviennent de la Russie, de la Tartarie ; mais nous n'avons aucune certitude à cet égard, pas plus que pour les blés.

Parmi les espèces à grains enveloppés, les plus fréquemment cultivées sont l'*Orge commune* et l'*O. distique* ou *pamelle*. Leurs grains sont généralement plus gros et mieux nourris que ceux de l'*Orge à six rangs*, ou que ceux de l'*O. en éventail*.

L'*Orge céleste* est une espèce qui produit beaucoup, et qui est connue depuis assez long-temps : elle devrait être beaucoup plus répandue qu'elle ne l'est. Les Belges la cultivent en grand ; ils en font un excellent gruau ; sa paille est aussi estimée que celle du blé. Cette espèce est robuste, mais elle demande des sols fertiles et bien préparés ; son produit est assuré ; elle talle beaucoup et donne plus de grains ; sa paille fournit un tiers en sus des autres Orges.

Elle a besoin d'être semée de très-bonne heure au printemps, sans cela, elle ne donne que des feuilles et ne fructifie que l'année suivante. Dans ce cas, elle peut servir de pâturage, ou bien être fauchée plusieurs fois cette première année.

L'*Orge commune noire* est assez inconstante dans son développement ; elle est souvent languissante, et lorsqu'elle est du printemps, elle reste en herbe, si on ne la sème pas en mars ou les premiers jours d'avril ; dans ce cas, elle pourrait être utilisée la première année comme fourrage vert, et la deuxième, moissonnée.

La farine des Orges est bien inférieure à celle des blés ; cependant, mélangée avec celle du seigle, elle forme un pain bis, pour la fabrication duquel il faut plus de levain que dans la farine du blé; mais quelque préparation qu'on lui fasse subir, ce pain est toujours inférieur.

C'est pour la fabrication de la bière et la confection des gruaux que l'Orge est très-employée. Nous verrons leurs préparations dans la partie industrielle de ce travail.

L'Orge est employée en tisane dans les maladies inflammatoires; elle facilite l'expectoration. Sa farine, utilisée en cataplasmes diversement préparés, est émolliente et résolutive.

§ 2. — *Épiets biflores.*

GENRE II.

SEIGLE, pl. IX, SECALE, Tourn., Linn., Juss.

Épi long, comprimé avec la fleuraison et carré à sa maturité; — Épiets alternes, biflores (pl. IV, fig. 2) (rarement triflore), naissant du sommet d'autant d'Articles comprimés et bordés de longs poils (fig. 2); — Bractées trois; deux latérales irrégulièrement naviculaires, linéaires, très-aiguës, plus courtes que les sépals; la troisième placée à l'aisselle de l'épiet, plus courte que les autres, raides et filiformes; — Sépals trois; *un externe* (fig. 2, 4), irrégulièrement naviculaire, à carène ciliée, relevée de fibres parallèles, bien visibles sur la lamelle externe, qui est ciliée vers le sommet. Ce sépal est terminé par une arête anguleuse (fig. 2) et hérissée de pointes courtes et nombreuses; *deux sépals internes* (fig. 2, 4), unis presque jusqu'au sommet, présentant une double carène par la saillie des deux dorsales qui se terminent par deux pointes parallèles, aiguës et à peine visibles; — Pétals deux (fig. 3), libres, lancéolés, ciliés, de la longueur de l'écusson embryonnaire, alternes avec le sépal externe, et persistant comme les sépals (le *troisième pétal* serait entre les deux sépals unis); — CARPE court (fig. 6) pendant la fleuraison, surmonté de deux longs styles couverts de longs poils flexueux disposés en plumet : à la maturité, le carpe devient oboval, allongé-triangulaire, obtus, très-mince à sa base; il adhère au derme (fig. 7, 8); — EMBRYON très-allongé, placé devant le sépal externe; — ALBUMEN d'une apparence cornée, présentant une rainure peu profonde, arrondie sur ses bords (fig. 10).

Le genre SEIGLE se distingue des ORGES en ce que ses ÉPIETS *sont solitaires et biflores au sommet de chaque article* (1) (trois à trois et uniflores dans les *Orges*, solitaires et quadriflores dans les *Blés*); ses FLEURS *sont ouvertes pendant la fleuraison et laissent voir la presque totalité des étamines pendantes* (dans les *Orges*, elles s'ouvrent à peine et ne laissent apercevoir que le sommet des anthères); le *Sépal externe a sa dorsale en carène et ciliée* (sans dorsale, ni carène, ni cils dans les Orges); le CARPE *est oboval-oblong, nu, très-émoussé au sommet; pointu à sa base* (elliptique dans les *Orges*); *les feuilles sont étroites et pointues* (presque la moitié plus large dans les Orges); *en outre, sa* TIGE *est mince, rougeâtre et ferme* (grosse et peu résistante dans les *Orges*).

Nomenclature du genre :

SECALE, *Tourn.*, Inst., p. 513, tab. 294 (1719); — *Blackw.*, Herb., V, tab. 424 (1750); — *Linn.*, Gen., n° 127 (1789); — *Willd.*, Spec., I, p. 173, n° 150 (1797); — *Lam.* et *De C.*, Flor. franç., III, p. 87 (1805); — *Pers.*, Ench., I, p. 108 (1805); — *P. Beauv.*, Agrost., p. 105 (1812); — *Rœm.* et *Schult.*, Syst., II, p. 44 et 775 (1817); — *Sering.!* Mél. bot., I, p. 135 (1818); — *Metzg.*, Eur. cer., p. 36, pl. IX, fig. a; — *Spreng.*, Syst., I, p. 136 et 323.

(1) On trouve rarement une troisième fleur imparfaite.

ESPÈCE 1re.

SEIGLE CULTIVÉ, pl. IX, SECALE CEREALE, *Linn.*

On ne connaît encore qu'une seule espèce de Seigle (céréale) qui a pour caractères ceux du genre; sa tige est mince, ferme lisse et très-siliceuse.

Cette plante, au rapport de *Bieberstein*, Flor. taur. cauc., 84 (1808), est spontanée dans les sables des bords de la mer Caspienne et en Crimée ; elle n'y atteint que trente centimètres d'élévation (onze pouces).

Noms botaniques :

Secale cereale, *Linn.*, Spec., I, p. 124 (1764); — *Willd.*, Spec., I, p. 471 (1797); — *Oliv. de Serr.*, Théâtr. d'agric., I, p. 136, 2me édit. (1804); — *Pers.*, Ench., I, p. 108 (1805); — *Lam.* et *De C.*, Flor. franç., I, p. 87 (1805); — *P. Beauv.*, Agrost., 105 (1812); — *Rœm.* et *Schult.*, Syst., II, p. 773 (1817); — *Sering.!* Mél. bot., I, p. 135 (1818); — *Metzg.*, Eur. cer., pl. IX, p. 37 (1824); — *Ferrago*, *Oliv. de Serr.*, Théâtr. d'agric., I, p. 136 (1804).

Noms français :

Seigle, S. commun, S. cultivé, S. de Cérès, S. hyémal, S. trémèze, la seigle blanche, *Mathiol.*, Comm., p. 278, icon., Lyon, 1569, S. d'Anhalt-Cœthen.

Noms allemands :

Gemeiner Roggen, Korn, Landroggen, Rocken, Roggen, Sommer Röcken, Winterkorn, Winterroggen.

Nom anglais :

Common Rye.

Noms italiens :

Segala, Tormano chianeze, T. Montanaro (Terra di lavoro, ex A. de Martino! in litt.).

Nom espagnol :

Centerio blanquo.

Nom bohémien :

Zito.

Variété 1re.

SEIGLE A ÉPI SIMPLE, pl. IX, SECALE CEREALE VULGARE.

Épi non rameux.

Secale cereale α, *Linn.*, Spec., I, p. 124 (1764), ainsi que presque tous les botanistes actuels ; — *Host.*, Gram., II, tab. LXXIII; — *Lam.* et *De C.*, Flor. franç., III, p. 88 (1805), var. α β.

Secale cereale, var. A., B., C., *Metzg.*, Eur. cer., p. 37 et 38 (1824).

Secale hybernum vel majus, *Bauh.*, Pin., 22 ; *S. vernum vel minus*, *Bauh.*, Pin. 23.

Variété 2.

SEIGLE DE VIERLAND, *Albert.*

Épi très-ramassé, compacte, grain renflé, jaunâtre, feuilles d'un vert tendre.

Variété 3.

SEIGLE A ÉPI RAMEUX, SECALE CEREALE COMPOSITUM, *Kœl.*

Épi rameux à sa base.

Il est probable qu'en cultivant pendant plusieurs années cet état accidentel du seigle dans un terrain bien préparé et bien fumé, on parviendrait à conserver cette tendance, qu'ont quelques individus, de ramifier leurs épis. C'est probablement ainsi que l'on aura obtenu le *Blé de miracle* (*Triticum turgidum ramosum*). Nous avons aussi observé cette disposition à se ramifier dans l'*Orge pamelle* (*Hordeum distichon*), pl. VIII, fig. 4.

Secale cereale compositum, *Kœl.*, Gram., 368 (1802) ; — *Lam.* et *De C.*, Flor. franç., III., p. 88 (1805) ; — *Poir.*, Enc. méth. bot., VII, p. 54 (1806).

Secale cereale B., *spica ramosa*, *Sering.!* Mél. bot., I, p. 137 (1818); — *Metzg.*, Eur. cer., p. 39, var. D.

Culture et utilité du SEIGLE.

Le *Seigle* demande la même préparation du sol que le *Blé* (1), mais il réussit dans des terrains où toute autre céréale se développerait fort mal : aussi, désigne-t-on la terre presque infertile, en disant *ce n'est qu'une terre à Seigle*. Dans le Cantal, l'Aveyron et autres départements voisins, on désigne les sols granitiques et schisteux sous la dénomination de *Ségalas* ou terres à Seigle. Nous avons vu que cette espèce, qui s'accommode de presque tous les terrains, de tous les climats, de presque toutes les hauteurs, est spontanée dans les sables de la Crimée : c'est assez faire comprendre la nécessité de cultiver les sables en Seigle, et de grands résultats ont déjà été obtenus.

Comme l'agriculteur doit avoir en vue d'obtenir le plus de produits possibles avec le moins de peine et de frais, il faut, pour atteindre à ce but, que le Seigle soit semé de très-bonne heure, s'il se peut à la fin de juin, seul ou bien avec le *Sarrazin* (*Polygonum Fagopyrum*) ou avec la *Vesce* (*Vicia sativa*).

Dans le premier cas, on aura une récolte de *Sarrazin* en automne, le pâturage pendant l'automne et le printemps jusqu'à la fin d'avril, et en juillet, le grain et la paille. Si l'on unit la vesce au seigle, celui-ci servira d'appui ; en automne, on fera une coupe qu'on donnera en vert au bétail ; au printemps, on fera une seconde coupe au moment de la fleuraison du Seigle ; elle sera donnée aux vaches laitières, ou bien on la fera sécher ; cette culture est très-productive et amé-

(1) Voir cet article plus tard

libre le sol par l'exsudation des racines de la vesce; enfin, dans le cas où le Seigle serait seul, on peut faire une coupe en automne, laisser pâturer les moutons jusqu'à la fin d'avril, et laisser ensuite les tiges s'élever, fleurir et mûrir.

La faulx ou la dent des moutons n'atteint pas la base de la tige; elle la force de développer des rameaux souterrains ou à fleur du sol; les racines s'allongent profondément, et chaque grain de Seigle, au lieu de produire une tige et un épi, double, triple ou quintuple même le produit, et en un mot, on obtiendra beaucoup plus de grain et de paille; on aura eu aussi un pâturage, et le sol aura été sensiblement amélioré.

On peut encore utiliser le Seigle mêlé à la vesce, comme engrais vert, en les renversant avec la charrue au moment de leur fleuraison. Ce mode de fertiliser les terres était déjà connu des anciens.

On ne peut distinguer les variétés de Seigle établies par les agriculteurs au moyen de caractères botaniques. Elles consistent dans de simples modifications de grandeur, de volume, qui disparaissent en les changeant de terrain, de climat, de mode de culture : ce sont des VARIATIONS. Si le Seigle est semé en automne, pour être récolté l'année suivante, c'est ce que les agriculteurs nomment *Seigle d'hiver* (*Secale hybernum vel majus, Bauh.*); s'ils le sèment au printemps, pour le récolter trois mois après, ils le désignent sous la dénomination de *Seigle de printemps* (*Secale vernum vel minus, Bauh.*); et enfin, s'ils le sèment en juin, qu'ils le fassent brouter jusqu'à la fin d'avril : il se développe plus de tiges et ils le nomment *Seigle de St-Jean*, ou *Seigle multicaule*, ou à plusieurs tiges. Ces divers états, auxquels on a amené telle ou telle graine, ne sont donc pas des variations, ils ne sont dûs, qu'à une continuité de culture faite avec intelligence, et il faudrait plusieurs cultures épuisantes ou luxuriantes successives pour les changer.

Quoi qu'il en soit, le *Seigle multicaule* ou *des forêts*, a acquis, depuis peu, une certaine réputation, et voici ce que nous savons de plus récent à son égard :

Un essai a été fait à la ferme-modèle de Krignac (Morbihan). Il fut semé, le 25 mai 1838, dans une terre douce et légère, sur fond de sable, fumée modérément; il donna deux belles coupes de fourrage vert, l'une le 15 septembre, l'autre au commencement de novembre. La récolte eut lieu le 5 août 1839, c'est-à-dire, quinze mois après le semis. Le produit d'un demi-kilog. de semence a été de trente kilog. de grains (cent vingt pour un). La différence entre le *Seigle ordinaire* et le *Seigle multicaule* a été comme 23 est à 58.

Dans les Carpathes, où l'on nomme ce seigle *Florica*, on le sème ordinairement au printemps avec cinq ou six fois son poids d'avoine et de blé de printemps. Au mois d'août ou de septembre, l'avoine et le blé sont mûrs et récoltés, tandis que le seigle, dont la tige ne s'est pas encore élevée, reste sur terre et n'est remplacée qu'à la récolte suivante, après avoir donné plusieurs coupes en vert, ou fourni du grain en abondance.

Dans la Bohême, on sème le *Seigle multicaule* dans les clairières des forêts avec de l'avoine et des graines de pin, aux mois de mars et avril : la première année, on récolte l'avoine; la seconde, on a une moisson abondante de seigle, et la troisième, des plants d'arbres verts, assez forts pour résister à l'intempérie des saisons, sans abri.

M. Ch. Drouet (membre du Conseil-général de la Sarthe), a fait de nouveaux essais sur la culture de cette variation du Seigle dans les terrains sablonneux de son département; ils ont confirmé ceux de 1840. Les cultivateurs, qui ont mis en pâturages ce Seigle, ont obtenu pour leurs bestiaux, pendant une partie de l'automne jusqu'au 1er mars, non-seulement une nourriture abondante, mais encore une meilleure récolte que les seigles qui n'ont pas été broutés. Ainsi traité, le Seigle est non-seulement monté en épi, mais encore sa tige s'étant ramifiée rez de terre, a donné un beaucoup plus grand nombre d'épis.

Voici les avantages que M. DROUET a reconnus à ce Seigle :

1° Il fournit un bon pâturage de la fin de l'automne jusqu'au 1er mars, époque pendant laquelle les terrains sablonneux sont privés de verdure, ou bien on peut le faucher, pour le donner en vert, sans que par l'un ou l'autre de ces procédés on empêche le développement des épis.

2° On épargne les deux tiers des graines, surtout dans les sols siliceux, puisqu'au lieu d'employer par quarante-quatre ares soixante-quinze litres de *Seigle multicaule*, comme on le fait pour le seigle ordinaire, on ne doit en semer que vingt à vingt-cinq litres.

3° La paille excède de beaucoup celle du seigle ordinaire, puisqu'elle atteint de 1,80 à 2,20 et produit environ trois quarts de paille de plus.

4° On gagne un labour, puisqu'on sème simultanément le *Seigle* et le *Sarrazin*.

5° Le produit en grain et en poids a été bien supérieur.

L'auteur de ces observations consignées dans l'*Ami des lois* du 30 juillet 1841, a reconnu que les avantages du *Seigle multicaule* sur le seigle ordinaire sont de 70 fr. par quarante-quatre ares.

Il reste encore à tenter quelques expériences en grand sur la mouture de ce grain et sur sa panification. On espère qu'elles seront fructueuses, car sa farine est plus blanche que celle du seigle ordinaire, et le gros et le petit son se trouvent plus minces.

Voici les conseils que donne l'auteur pour la culture de cette variation :

Les labours sont absolument les mêmes que pour la culture ordinaire.

On fûme le sol un peu plus que lorsqu'on ne sème qu'une plante. Le Seigle et le Sarrazin doivent être dispersés l'un après l'autre, mais un seul herbage suffit.

On sème le *Multicaule* à la fin de juin ou en juillet, après la pluie ou en temps frais. Cette année, qui a été pluvieuse, on a pu semer jusqu'au 12 août, mais les semailles de juin sont toujours les meilleures : pour cela, il faut conserver des grains de l'année précédente. Si l'on sème en septembre et octobre, on recueille des pailles et des épis moins longs et du grain abâtardi.

Avec le *Seigle multicaule*, on sème pareille quantité de Sarrazin, l'expérience ayant prouvé que le Seigle vaut mieux, étant associé au Blé noir, dont les feuilles servent à le protéger contre les chaleurs de l'été.

Le *Polygone Sarrazin*, parvenu à sa maturité, est coupé; et le *Seigle multicaule*, resté maître du terrain, ne tarde pas, à l'aide de la fraîcheur des nuits et du retour des pluies, à élargir ses gazons, et ses tiges touffues s'élèvent bientôt à quinze ou vingt centimètres.

Le *Seigle multicaule* doit être semé plus clair que le *Seigle ordinaire;* il couvrira de riches pâturages les sols stériles, servira d'aliment aux bestiaux épuisés qu'on y rencontre, et fera disparaître la pauvreté à laquelle semblent destinés les pays où le sol sablonneux domine.

A la première demande que j'ai faite à M. Ch. Drouet, il s'est empressé de m'expédier du Mans quelques plantes entières du *Seigle multicaule*, des individus vivants et des graines récoltés en 1841. Les individus mûrs, qui n'ont point été choisis, ont un mètre quatre-vingt à quatre-vingt-dix centimèt.; les touffes sont de six, douze et vingt tiges, portant chacune un épi; ceux-ci sont plus longs et plus minces que dans le seigle commun ; chacun a de quarante-huit à cinquante-deux épiets qui donnent environ cent grains ; ces derniers sont presque de moitié moins gros que ceux de la variation commune.

Quant au sol, il est particulièrement formé de gros grains siliceux, mêlés de chaux et de fort peu d'argile ; il est d'un roux foncé.

M. Drouet m'ayant adressé un petit sac de grains du *Seigle multicaule*, j'en donnerai en petite quantité aux personnes qui voudraient l'essayer, mais je sais que M. Drouet pourrait en remettre pour de plus grands essais.

Le Seigle est employé à de nombreux usages : *en vert*, comme fourrage ; *mûr*, il donne son grain qui, toutes choses égales d'ailleurs, produit un sixième de plus que le blé. Mêlé par tiers avec l'orge et le blé ou avec quelques légumineuses, telles que fèves, haricots, etc., ou bien même seul, il forme le pain du laboureur ; mais il a besoin de plus de levain et on doit prolonger sa coction. Son grain est quelquefois utilisé par le brasseur ; sa farine, délayée dans de l'eau et fermentée, produit une liqueur rafraîchissante, employée dans les environs de Calais ; cette même farine est aussi employée pour les cataplasmes.

La paille du Seigle, qu'aucune autre ne peut remplacer, est fine, ferme, tenace et flexible ; elle est employée pour lier les gerbes, botteler le foin, couvrir les maisons ; elle sert de litière et concourt à la formation de l'engrais. Cette paille, récoltée un peu avant sa maturité, sert à faire des chapeaux de paille, tressés à la manière de Florence ; ils n'ont jamais la jolie teinte de ceux faits en paille de blé (*Triticum vulgare*) appauvrie, mais ils sont très-durables.

EXPLICATION DES PLANCHES.

Planche Ire (1).

Caractères du genre Orge (**HORDEUM**).

(Toutes les explications sont gravées sur la planche).

Planche II.

Orge Escourgeon (serré).

HORDEUM HEXASTICHON.

1. Un épi de grandeur naturelle. (Les fig. de 3 à 9 sont grossies.)
2. Le même, vu de bas en haut, pour montrer les six rangées de fleurs (trois pour chaque demi-verticille). A la base, on voit les douze bractées extérieures (deux pour chaque fleur).
3. Deux demi-verticilles (alternes) composés chacun de trois fleurs fertiles et munies chacune de ses deux bractées extérieures ; — * Articulation qui donnait naissance (à droite) à un demi-verticille qui a été enlevé.
4. Fleur présentant en avant ses deux bractées extérieures, terminées en arête. Plus en arrière, se présente le sépal externe, dont la dorsale se voit entre les deux bractées, et enfin, tout au fond, s'aperçoivent les deux sommets des deux sépals intérieurs unis.
5. La même fleur présentant, en arrière, les deux mêmes bractées externes ; plus en avant, le sépal externe, dont l'arête est tronquée ; plus en avant encore et au centre, les deux

(1) Les épis de cette livraison ont été presque tous dessinés en couleur par M. *Chazal* (de Paris), les originaux sont très-beaux. M. *Vilmorin* a bien voulu me permettre de les faire graver. Les analyses sont dues à M. *Heyland* (de Genève), très-avantageusement connu par ses nombreux travaux. Les épis de la planche VI et la planche IX ont été dessinés par M. *Danguin*, l'un des élèves distingués de l'école royale des beaux-arts de Lyon. Les gravures sont dues à MM. *Déchaud*, *Duchêne* et *Thomassin*, élèves de la classe de gravure dépendant du même établissement.

sépals internes, unis presque jusqu'à leur sommet; — * Troisième bractée (plumeuse) qui répond à l'axe des fleurs.

6. La même, tournée, privée de ses bractées externes et de l'arête du sépal externe; — * Troisième bractée (l'interne).

7. Appareil floral, privé de ses bractées et de ses sépals; — P. deux pétals ciliés (le troisième, qui serait derrière, manque). Entre les pétals, sont placées les trois étamines, et au centre, le carpel, terminé par ses deux stigmates plumeux.

8. Sépals tronqués : les deux intérieurs sont unis; l'extérieur, qui est libre, décrit un cercle presque complet.

9. Fleur anthérée ou stérile, présentant en avant les deux bords du sépal externe, lesquels recouvrent les deux sépals internes unis.

Planche III.

Orge commune.

HORDEUM VULGARE.

1. Épi. (Les deux premières figures sont de grandeur naturelle, toutes les autres sont plus ou moins grossies.)

2. Deux demi-verticilles de fleurs carpanthérées, munis de leurs douze bractées.

3. Portion d'axe d'un épi, lequel est dégarni de la plupart de ses fleurs; en bas sont restées les six bractées extérieures des trois épiets uniflores; en haut, les mêmes bractées entourent les trois épiets; le reste de l'axe montre ses articles à nu.

4. Deux demi-verticilles (alternes) de fleurs accompagnés de leurs bractées.

5. Fleur présentant latéralement ses deux bractées extérieures, et en avant, la troisième bractée. En arrière et sur les côtés se voit le sépal externe, et en avant, les deux sépals internes unis.

6. Une fleur privée de ses bractées et présentant son sépal externe (S. ext.) et ses trois grosses fibres; derrière, s'aperçoit le sommet des deux sépals internes, unis presque jusqu'en haut.

7. La même fleur vue par la face qui répond à l'axe. Le sépal externe, dont l'arête est tronquée, entoure de ses deux

bords les deux sépals internes, unis presque jusqu'au sommet; et en bas, entre les deux bords de ce même sépal externe, se voit la bractée interne qui est engagée sous ces bords, mais qui leur est réellement extérieure.

8. Coupe transversale des trois sépals : le plus grand ou externe est libre; il enveloppe les deux intérieurs qui sont unis et beaucoup plus petits.
9. Fleur privée de ses bractées et de ses sépals, pour montrer en P. ses deux pétals (le troisième manque); — E., les trois étamines; — C., le carpe; — C'., le style; — C''., le stigmate.
10. Un pétal cilié, isolé.
11. Une fleur anthérée et stérile, présentant, en avant, les deux sépals internes, unis presque jusqu'au sommet, en dehors et en arrière, le sépal externe qui est très-grand.

12 et 13. Carpe ou grain, vu par ses deux faces.

Planche III *.

Orge commune (tortile).

HORDEUM VULGARE (TORTILE).

1. Épi de grandeur naturelle et feuille. (Toutes les autres figures sont grossies.)
2. Trois fleurs du sommet d'un article, munies chacune de ses deux bractées externes : au-dessus sont les trois arêtes des trois sépals externes tronqués, celle de gauche commençant à se déformer.
3. Fleur vue par la face qui correspond à l'axe; extérieurement, le sépal externe dont l'arête est tronquée; en dedans, sont les deux sépals unis et prolongés, contre l'ordinaire, en une longue arête; au centre, sont trois étamines.
4. La même, semblable à la précédente, avec la seule différence que les deux sépals internes ne sont pas complètement unis, et forment deux dents terminales, au lieu d'une longue arête. En bas, se présente la bractée interne.
5. La même fleur dont l'arête est dilatée en membrane.

6. La même : mais à la base de l'arête est un sac presque conique.
7. 8. 9. Déformations diverses du sépal externe.
10. Coupe transversale des sépals pour montrer la position des étamines (devant les sépals).
11. Les deux pétals d'une fleur, et entre eux se trouve la bractée placée entre l'axe des fleurs et l'épiet.
12. Coupe transversale de l'albumen (*Alb.*) un peu déformé.

Planche IV.

ORGE CÉLESTE.

HORDEUM CŒLESTE.

1. Épi de grandeur naturelle (le reste est grandi).
2. Deux demi-verticilles formés chacun de trois épiets uniflores, et accompagnés de leurs bractées extérieures. Les arêtes des sépals externes sont tronquées.
3. Sépal externe présentant ses trois fibres.
4. Face interne des deux sépals internes unis.
5. Fleur privée de ses deux bractées extérieures et présentant, en bas et en avant, la troisième bractée. Les deux sépals internes unis sont enveloppés par les bords du sépal externe.
6. Les trois sépals coupés transversalement et présentant, en dehors, le grand sépal ou externe, et en dedans, les deux intérieurs unis et entourés par le bord du sépal extérieur.
7. Fleur privée de ses bractées et de ses sépals, présentant, en bas et au-devant, ses deux pétals (le postérieur manque); ses trois étamines, placées devant les sépals, et alternes avec les pétals; et enfin, au centre, le carpe surmonté de ses styles plumeux.

Planche Ire.

ORGE CÉLESTE (TRIFURQUÉ).

HORDEUM CŒLESTE (TRIFURCATUM).

1. Épi de grandeur naturelle. (Tout le reste, excepté 13 et 14, est, le plus souvent, très-grossi.)
2. Demi-verticille de trois fleurs, présentant trois articles, (les deux inférieurs privés de leurs fleurs); le supérieur offrant les trois sépals extérieurs trifurqués, appartenant à trois fleurs, et accompagnées chacune de ses bractées extérieures.
3. Le même demi-verticille (ombré), vu par la face qui répond à l'axe. Chaque sépal est trifurqué, la division centrale est souvent concave et obtuse, les deux latérales terminées en pointe.
4. Une seule fleur tronquée, portée sur l'article qui lui était commun avec deux autres. BRACT. EXT., bractées externes; — BRACT. INT., bractée interne pennée; — S. EXTER., sépal externe; — S. INTER., deux sépals internes unis; — E., étamines privées d'anthères; — C., carpe coupé en travers dans sa partie albumineuse.

5. 6. 7. Trois sépals externes, appartenant à trois fleurs, et diversement déformés à leur sommet.

8. Fleur vue par le côté qui répond à l'axe; — BRACT., sur les côtés sont deux bractées linéaires qui passent derrière la fleur; les trois pointes appartiennent au sépal externe, dont les bords recouvrent en partie les deux internes unis.
9. Une fleur privée de ses bractées et de ses sépals; — P., deux pétals libres, irréguliers dans leur forme, mais semblables l'un à l'autre et ciliés (le troisième, qui devrait être derrière, manque toujours); — E., trois étamines, ayant leurs filets alternes avec les pétals : les anthères sont fixées par le milieu de leur dos, et sont oscillantes; — C''., stigmates plumeux, le carpe, poilu à son sommet, est caché par les pétals.
10. La même fleur vue de côté; — BRACT. INT., bractée de l'axe et pennée; — P., deux pétals extérieurs (celui qui devrait être du côté de la rainure du carpe et de la bractée plumeuse,

manque toujours); — C., carpe; = C''., stigmates plumeux.

11. Fleur dont on a enlevé les bractées, les sépals, les étamines et les pétals, pour découvrir le carpel; = C., carpe; — C.', style extrêmement court et caché; — C.'', deux stigmates plumeux.
12. Deux pétals isolés.
13. Grain ou carpe vu du côté de son sillon, lequel répond à l'axe de l'épi.
14. Le même vu par la surface engagée dans le sépal externe.
15. Le même très-grossi; — I., embryon mis à nu, ayant déjeté latéralement le carpe C. et le derme (gros et petit son). Alb. Albumen.

Planche VI.

Orge pamelle.

HORDEUM DISTICHON.

1. Variété à épi lâche.
2. Variété à épi compacte.
3. Variation à arêtes fragiles et caduques.
4. Variété à épi rameux (toutes de grandeur naturelle).
5. Deux demi-verticilles de fleurs dont la centrale est seule fertile (étant carpanthérée), tandis que les latérales (anthérées seulement) sont stériles. Chaque fleur est accompagnée de ses deux bractées extérieures.
6. Un épiet (uniflore fertile), encore vu de côté, accompagné de ses trois bractées : les deux extérieures sont portées en arrière, celle qui est du côté interne est courte et plumeuse.
7. La même fleur privée de ses bractées extérieures et vue par la face qui correspond à l'axe. En bas et en avant, est la bractée courte et plumeuse, derrière elle, sont les deux sépals internes unis qui sont recouverts en partie par les deux bords du sépal externe.
8. La même un peu plus avancée en âge.
9. Bractée extérieure, présentée par sa face externe qui est velue.
10. La même vue par sa face interne.
11. Fleur carpanthérée privée de ses bractées et de ses sépals. En

avant, sont les deux seuls pétals qu'on observe dans ce genre; viennent ensuite les trois étamines qui alternent avec les pétals; au centre est le carpel terminé par ses deux stigmates plumeux.

12. Fleur anthérée privée de ses bractées, vue par sa face externe.

13. Fleur anthérée vue du côté des deux sépals internes unis.

14. Fleur anthérée coupée circulairement, de manière à montrer, à droite, le sépal extérieur dont les bords sont roulés en dedans (par la dessication), les trois étamines (le carpel manque); à leur gauche, sont les deux sépals intérieurs unis, et enfin, tout-à-fait à gauche, la bractée que l'on observe le plus souvent à l'axe de l'épi; les deux autres bractées ont été suprimées.

15. Fleur anthérée et stérile dont on a enlevé les bractées et les sépals, pour découvrir, en avant, les deux pétals, et entre eux et en arrière, les trois étamines.

16. Germination de l'*O. Pamelle.*

17. Deux gaines avec leurs appendices en forme de stipules.

Planche VII.

Orge éventail.

HORDEUM ZEOCRITON.

1. Épi de grandeur naturelle.

2. Demi-verticille de trois fleurs un peu plus grandes que nature; présentant, au centre, la fleur carpanthérée (= fertile), et sur les côtés, les deux fleurs anthérées (= stériles). Extérieurement, on voit les six bractées externes, appartenant deux à deux à chaque fleur.

3. Le même demi-verticille vu de côté, présentant, en avant, une fleur stérile, et à droite, la fleur fertile (la seconde fleur stérile est cachée par celle qui se trouve devant elle).

4. Deux demi-verticilles de fleurs grossies, vues du côté de la face plane de l'épi : au centre, sur chaque face, deux fleurs stériles ascendantes, et sur les bords, les deux fleurs fertiles.

Chacune de ces fleurs est accompagnée de ses deux bractées extérieures.

5. Sépal externe (grossi), présentant les trois fibres principales qui s'unissent au sommet pour former l'arête terminale (que l'on a coupée).

6. Fleur fertile (grossie) présentant en * la bractée qui est à l'aisselle de la fleur : derrière, sont les deux sépals internes unis, et qui sont recouverts en partie par les bords du sépal externe.

7. Fleur stérile ou anthérée. Le sépal externe, oblong et sans arête, enveloppe de ses bords les deux sépals internes unis. (Cette figure est aussi grossie.)

Planche VIII.

Orge a café.

HORDEUM CŒLESTOIDES.

1. Epi de grandeur naturelle (toutes les autres figures sont grossies).

2. Six fleurs appartenant à deux demi-verticilles, chacun de trois fleurs : la centrale (plus grosse) est carpanthérée et fertile, les deux latérales sont sans carpel, et conséquemment stériles ; ces dernières restent toujours plus petites, et leurs sépals sont obtus. Chacune des fleurs, fertiles ou stériles, est accompagnée de ses deux bractées, Bract.

3 et 4. Deux fleurs fertiles présentant en regard leur sépal externe, S. exter. La pointe courtement bifurquée de chaque fleur, appartient aux deux sépals plus intérieurs qui sont unis, S. int. (on a privé ces deux fleurs de leurs bractées).

5. 6. 7. Trois fleurs anthérées et stériles ; — S. int., sépals internes unis et se présentant comme un seul ; — S. ext., sépal externe.

8. Fleur stérile ou anthérée privée de ses bractées et de ses sépals ; — P., Pétals spatules et en faulx ; — E., étamines.

9. Fleur coupée en travers pour montrer en S. exter. son sépal extérieur, en S. int. ses deux sépals les plus intérieurs, unis l'un à l'autre et se présentant comme un seul.

10. Une fleur carpanthérée ou fertile; — P., ses deux pétals, (celui qui aurait dû être du côté de l'axe, manque toujours, il aurait été derrière cette figure); — C., carpe; — C'., style; — C.", stigmate plumeux; — E., étamines.
11. Un seul pétal, P., spatulé et courbé en faulx.
12. Grain ou carpe, vu par la face qui répond aux deux bords intérieurs des deux sépals placés du côté de l'axe.
13. Le même, vu par la face qui répond au sépal externe (ce grain est représenté avant sa maturité).

Planche IX.

SEIGLE CULTIVÉ.

SECALE CEREALE.

1. Épi de grandeur naturelle au moment de la fleuraison; — E., étamines.
2. Épiet grandi formé de deux fleurs; en bas, l'article qui porte l'épiet; — S. INT., quatre sépals internes unis deux à deux, et appartenant aux deux fleurs; — S. EXT., sépals externes, terminés chacun par une longue arête; — BRACT., les deux bractées latérales d'un épiet; — E., six étamines appartenant également à deux fleurs.
3. Fleur isolée de son épiet et très-grossie; — E., Étamines; — C', style couvert de poils; — P., pétals.
4. Coupe transversale d'une fleur grossie pour montrer en S. EXT. le sépal externe avec les trois fibres de ses lamelles irrégulières, deux externes ou inférieures, et une seule sur la lamelle (la supérieure) qui répondait à l'axe de l'épi et qui a été gênée dans son développement; — Deux S. INT., deux sépals internes unis et dont on remarque des renflements qui indiquent les fibres de chacune de leur dorsale.
5. Un pétal grossi vu par la face qui répond au carpe.
6. Carpel très-grossi; — C., le carpe grossi; — C', style couvert de poils.
7. Carpe ou grain vu par la face qui répond au sépal externe.
8. Le même, vu par la surface qui correspond aux deux sépals unis.

9. Coupe transversale de l'albumen pour montrer sa forme.

10. Carpe ou grain très-grossi, coupé en travers pour montrer l'albumen ; — C., le carpe soulevé ; — Bourg., bourgeon foliacé ; — Cotyl., cotylédon ; — R., racine.

11. Grain vu de côté, commençant à germer ; — R., racines commençant à sortir de leur gaine.

12. Grain en germination ; — Alb., albumen enveloppé du carpe ; — C., carpe déchiré par la germination ; — Bourg., premier bourgeon de la plante, et qui faisait déjà partie de l'embryon.

13. Grain en germination ; — Alb., albumen ; — R., deux racines sortant de leur gaine ; — Bourg., bourgeon ; — Cotyl. unique placé entre le bourgeon et l'albumen.

Caractères du genre Orge (Hordeum) Pl. I

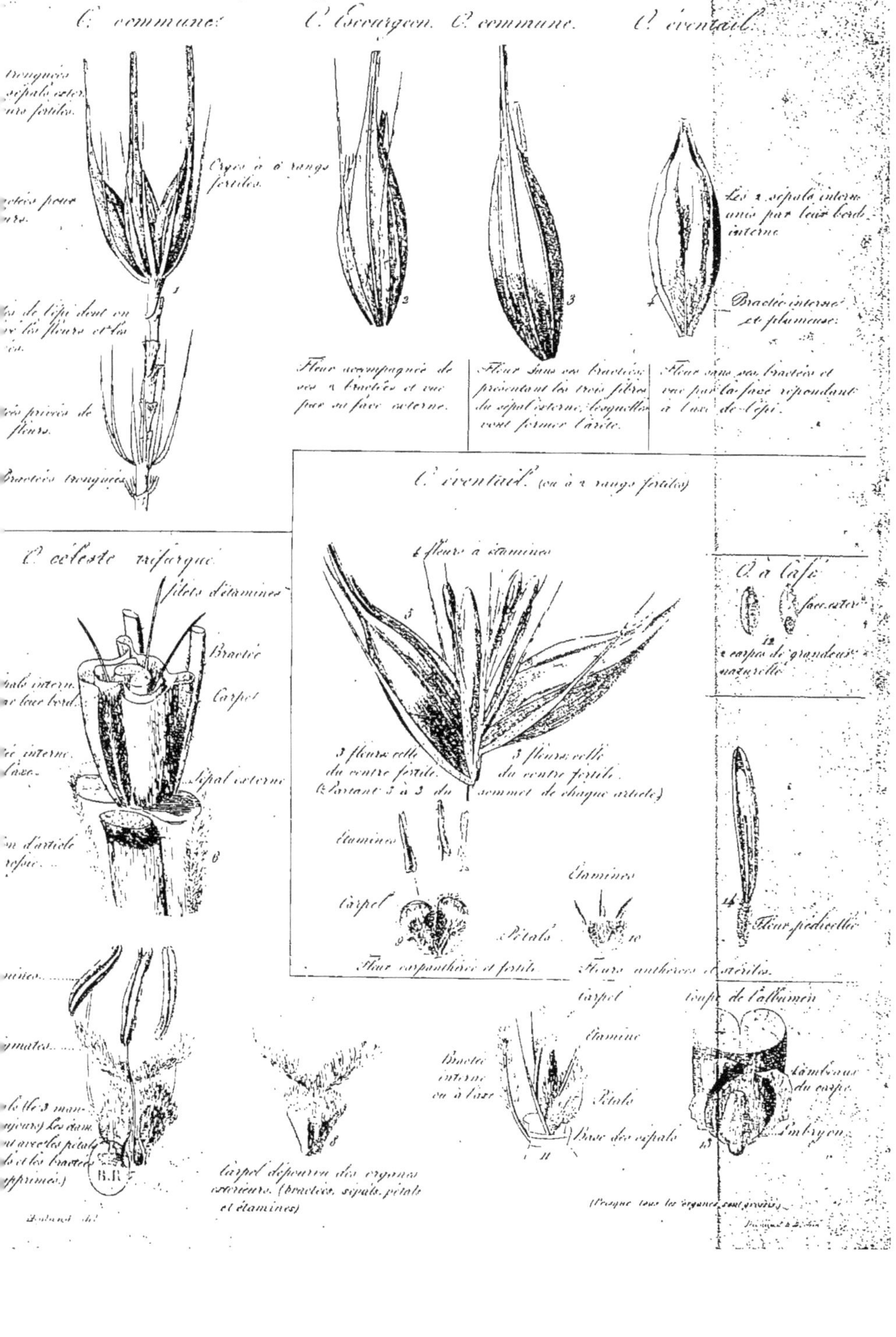

O. commune. O. Escourgeon. O. commune. O. éventail.

...tronquées ...sépale exter... ...ure fertile.

Orge à 6 rangs fertiles.

...ctées pour ...ure.

...s de l'épi dont on ...é les fleurs et la ...ées.

...ées privées de fleurs.

Bractées tronquées

Les 2 sépales interne unis par leur bord interne

Bractée interne et plumeuse.

Fleur accompagnée de ses 2 bractées et vue par sa face externe.

Fleur sans ses bractées présentant les trois fibres du sépal externe, lesquelles vont former l'arête.

Fleur sans ses bractées et vue par la face répondant à l'axe de l'épi.

O. éventail (ou à 2 rangs fertiles)

6 fleurs à étamines

3 fleurs celle du centre fertile. (Partant 3 à 3 du sommet de chaque article)

étamines

carpel

Pétale

Étamines

Fleur carpanthère et fertile.

Fleurs anthérées et stériles.

O. céleste trifurqué

filets d'étamines

Bractée

Carpel

...pale interne ...r leur bord.

...ée interne ...l'axe.

Sépal externe

...n d'article ...rofsé.

O. à café

face exter...

carpes de grandeur naturelle

Fleur pédicellée

...mines

...gmates

...le (le 3 man...ujours) Les étam...nt avec les pétale...le et les bractées ...pprimés.)

Carpel dépourvu des organes extérieurs. (bractées, sépals, pétale et étamines)

carpel

étamine

Bractée interne ou à l'axe

Pétale

Base des sépale

Coupe de l'albumen

Lambeaux du carpe.

Embryon.

(Presque tous les organes sont grossis)

Orge Escourgeon — Hordeum hexastichon

Heyland (analyse) et Chazal del.

Déchaud et Thomassin sc. Ly

Pl. II

rge commune

Hordeum Vulgare (Linné)

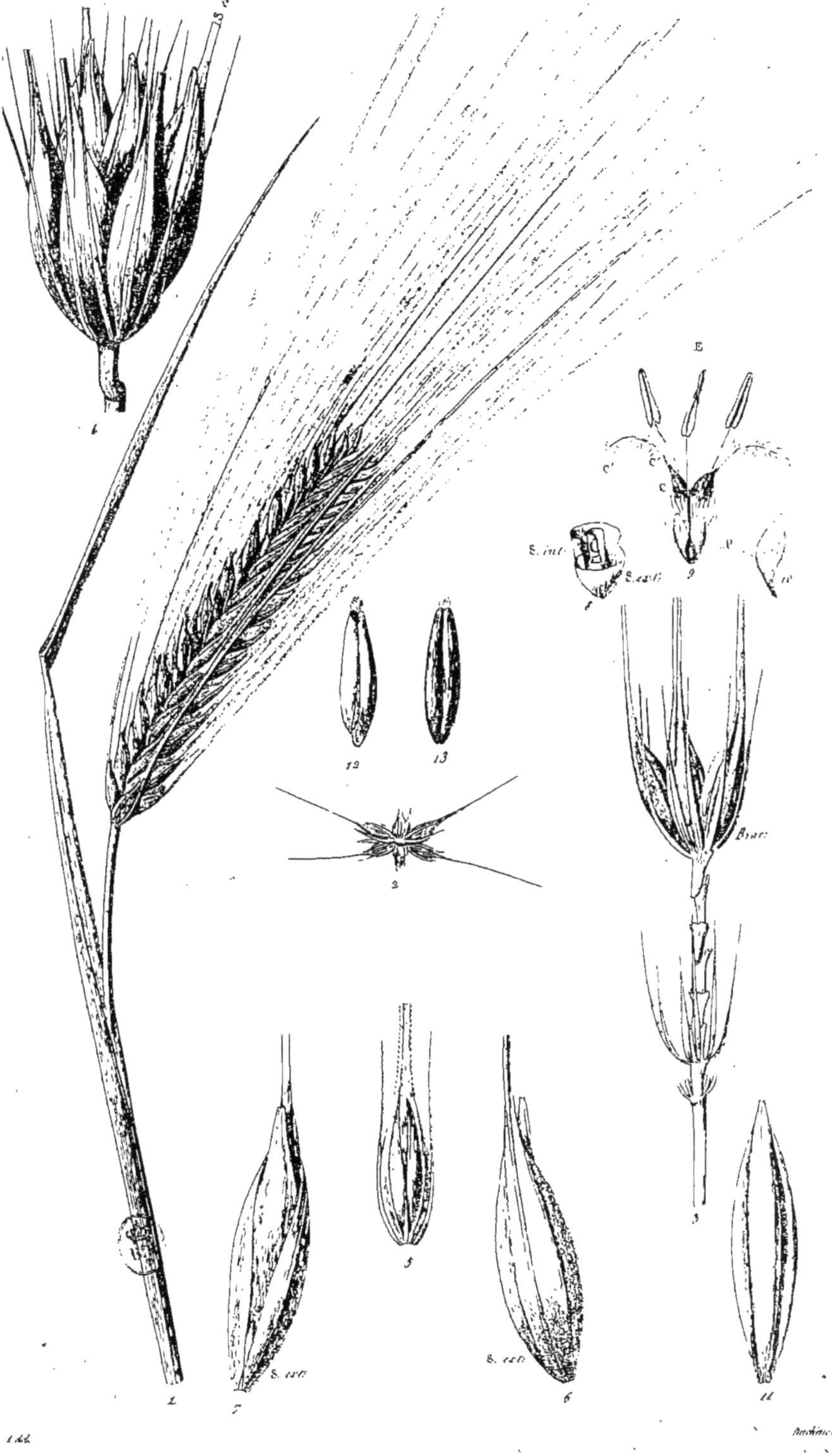

1 2 3 4 5 6 7 8 9 10 11 12 13

E C C' P S. int. S. ext. Brac.

del.

Orge commune (Escourgeon) — Hordeum vulgare (Escourgeon)

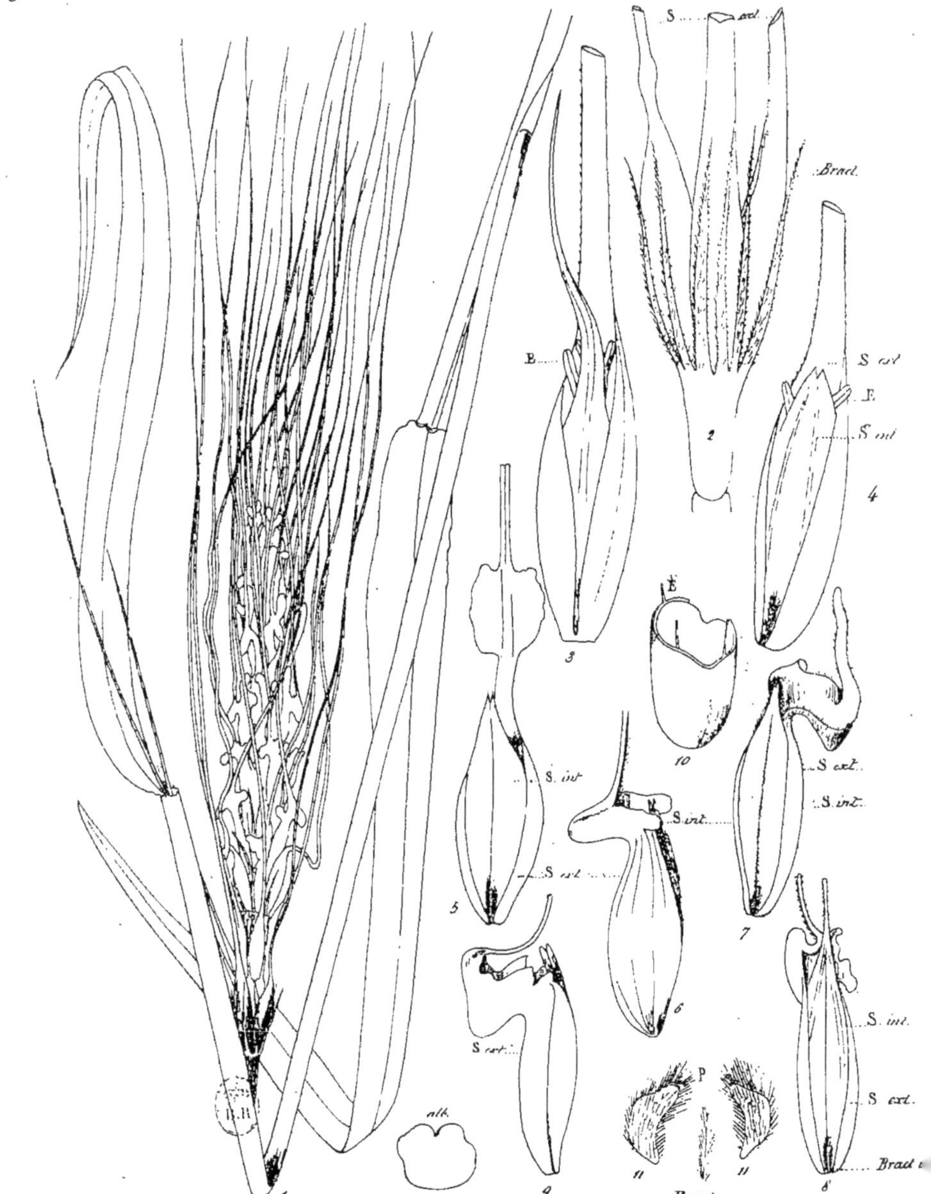

Heyland del.

Lith. de H Brunet

Céleste

Hordeum Cœleste (Vilm)

(analyse) et Chazal del.

Béchaud et Thomassin Sc. Lyon

Orge céleste trifurqué   Hordeum cœleste trifurca[tum]

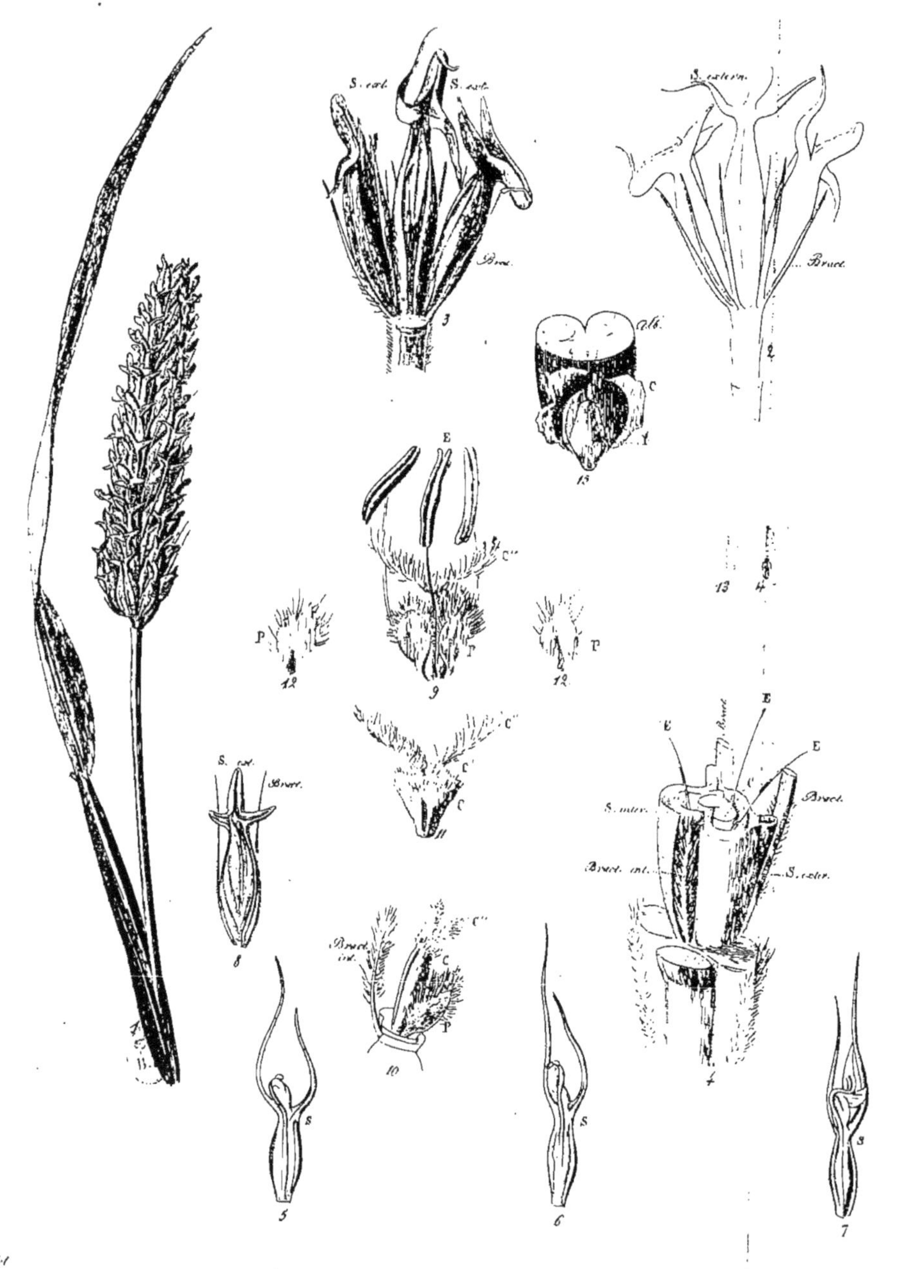

...phinel del   Gravé par J. M. Dichard(?)

Paumelle. Hordeum distichon. (Linn.)

...nalyse et Dangum del. Duchêne et Thomasson Sc. Lyon 18..

Orge éventail

Hordeum Zeocriton (Linn.)

1 2 3 4 5 6 7

Pl. VIII

ge à café

Hordeum cælestoïdes (Sering.)

E
C''
C'
C
P
T
11
10
12
13

S. ext.
S. int.
9
E
P
8
S. ext.
X. à Etamines ou Stériles
5
S. ext.
S. int.
6

S. int.
⅙ X. stériles
S. exter.
S. int.
X. carp. anthérée
Bract.
2
3
X. carpanthérées
4
X. anthérée
7

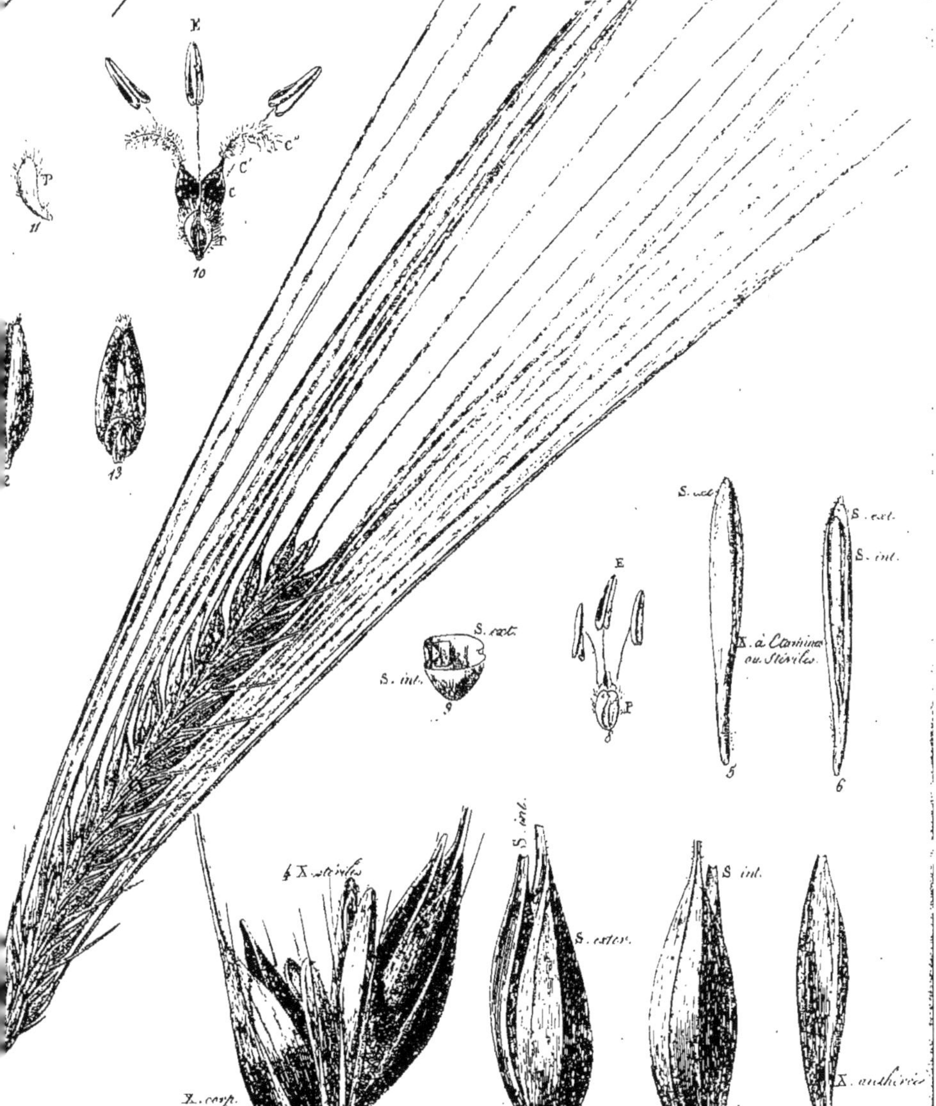

Heyland (analyse) et Chazal del.   Gravé par J. M. Dérhaut (Lyon 1848)

eigle cultivé

Secale cerea

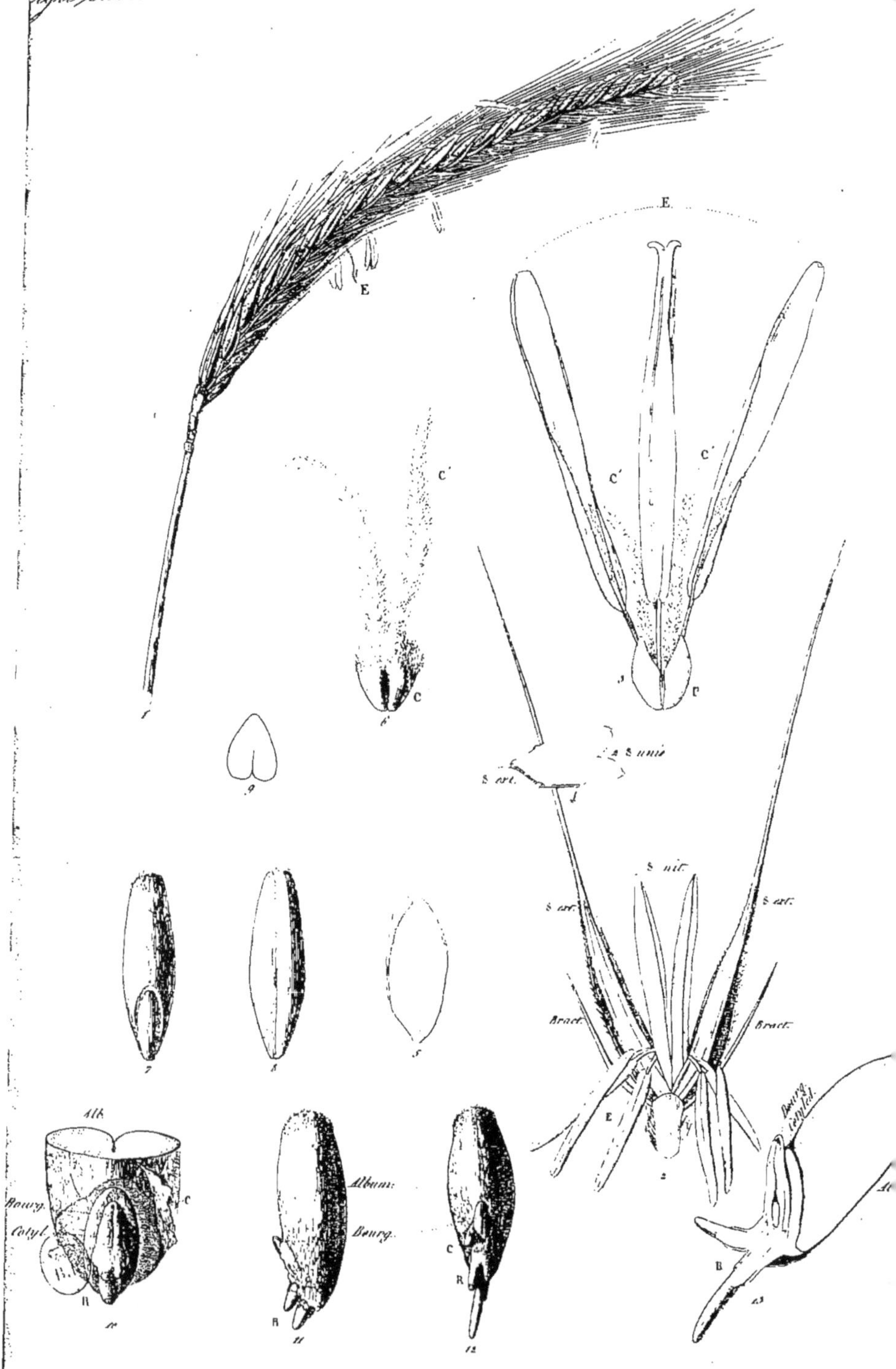

E

E

C'

C'

C'

C

6

3

D

9

S unie

S ext.

4

S int.

S ext.

S ext.

Bract.

Bract.

7

8

5

E

2

Alb.

Bourg.

C

Cotyl.

B.

R

10

Album.

Bourg.

R

11

C

R

12

Bourg.

Cotyled.

B

13

in del.

www.ingramcontent.com/pod-product-compliance
Ingram Content Group UK Ltd.
Pitfield, Milton Keynes, MK11 3LW, UK
UKHW020318220726
13923UKWH00003B/1218

9 782019 3028